西北旱区咸水灌溉条件下土壤水盐动态分析与 SWAP 模型模拟

袁成福 著

黄河水利出版社

· 郑 州 ·

内 容 提 要

本书以西北旱区的石羊河流域为背景,通过田间试验和数值模拟相结合的研究手段,研究了石羊河流域咸水灌溉、咸水非充分灌溉对农田土壤水盐动态及制种玉米生长规律的影响,模拟和优化了制种玉米咸水灌溉利用模式和咸水非充分灌溉制度,初步确定了适宜研究区制种玉米生长的咸水非充分灌溉制度。本书共分7章,主要包括绪论、研究区概况与研究方法、咸水灌溉对土壤水盐动态及制种玉米生长的影响、咸水非充分灌溉对土壤水盐动态及制种玉米生长的影响、咸水灌溉条件下土壤水盐运动SWAP模型模拟、咸水非充分灌溉条件下土壤水盐运动SWAP模型模拟、结论。

本书可供农业水利工程、水文与水资源工程、土壤学专业的本科生、研究生及从事相关专业的教学、科研和工程技术人员参考。

图书在版编目(CIP)数据

西北旱区咸水灌溉条件下土壤水盐动态分析与SWAP模型模拟/袁成福著. —郑州:黄河水利出版社,2023.7

ISBN 978-7-5509-3560-0

Ⅰ.①西… Ⅱ.①袁… Ⅲ.①干旱区-咸水灌溉-土壤盐渍度-动态分析-研究-西北地区 Ⅳ.①S273.5

中国国家版本馆CIP数据核字(2023)第072717号

组稿编辑:韩莹莹 电话:0371-66025553 E-mail:1025524002@qq.com

责任编辑	郭 琼	责任校对	韩莹莹
封面设计	黄瑞宁	责任监制	常红昕

出版发行 黄河水利出版社

地址:河南省郑州市顺河路49号 邮政编码:450003

网址:www.yrcp.com E-mail:hhslcbs@126.com

发行部电话:0371-66020550

承印单位 广东虎彩云印刷有限公司

开 本 787 mm×1 092 mm 1/16

印 张 8.5

字 数 202千字

版次印次 2023年7月第1版 2023年7月第1次印刷

定 价 49.00元

前　言

　　我国西北干旱半干旱地区(包括陕西、甘肃、宁夏、青海、新疆和内蒙古西部等区域)气候干旱,水资源短缺,生态环境脆弱,而农业灌溉是西北旱区的第一用水大户,西北旱区农业年用水量约 $7.08×10^2$ 亿 m^3,占总用水量的 90.5%,远高于全国的 70%。由于西北旱区的水资源严重匮乏,农业生产过量引用地表水和超采地下水,致使西北旱区的水土资源及生态环境恶化,目前水资源短缺严重制约着西北旱区社会经济的可持续发展和生态环境的改善。石羊河流域位于甘肃省河西走廊东端,是我国西北干旱内陆区水资源开发利用程度最高、用水矛盾最突出、生态环境问题最严重的地区之一。由于石羊河流域水资源过度开发利用,地下水位埋深逐年下降,地下水矿化度逐年升高,其下游地区地下水矿化度每年以 0.12 g/L 的速度增加。为了弥补淡水资源的不足,进而保障干旱缺水地区农业生产的稳步发展,咸水灌溉和非充分灌溉广泛地应用到农业生产中。河西走廊由于独特的气候和地理条件,被誉为天然玉米种子生产的理想王国,是农业部首批认定的 26 个国家级杂交玉米生产基地,制种玉米是石羊河流域主要的经济作物之一。由于制种玉米种植面积大、生育期长、耗水量大,主要是采用地下咸水资源进行灌溉。因此,研究石羊河流域咸水灌溉和非充分灌溉条件下土壤水盐动态规律和制种玉米生长规律,对于制定制种玉米科学合理的咸水非充分灌溉制度,发展节水高产的制种玉米产业模式,实现石羊河流域水资源高效利用和农业可持续发展有着重要意义。

　　本书以西北旱区的石羊河流域为典型研究区,通过田间观测试验和数值模拟相结合的研究手段,研究了石羊河流域咸水灌溉、咸水非充分灌溉对土壤水盐分布及制种玉米生长的影响,分析了咸水灌溉、咸水非充分灌溉对制种玉米耗水规律及水分利用效率的影响,初步建立了水盐胁迫下制种玉米水盐生产函数和盐分胁迫下制种玉米根系吸水模型;利用 SWAP 模型模拟和分析了石羊河流域咸水灌溉、咸水非充分灌溉下农田土壤水盐通量变化及土壤水盐平衡状况,并模拟和优化了制种玉米咸水灌溉利用模式和咸水非充分灌溉制度。

　　本书是在作者硕士学位论文《咸水灌溉对制种玉米生长的影响及 SWAP 模型模拟》和博士学位论文《西北旱区灌溉条件下土壤水盐动态监测分析与数值模拟》的基础上进行修订完善并结集出版的。在此向导师冯绍元教授在本人攻读硕士和博士学位期间提供的指导和帮助表示衷心感谢!感谢霍再林教授、蒋静副教授、王庆明高级工程师在研究过程中提供的帮助!同时对参加该项研究的季泉毅、齐艳冰以及中国农业大学石羊河试验站的工作人员致谢!本书的研究内容得到了国家自然科学基金面上项目“西北旱区咸水非充分灌溉农田水盐过程与调控研究”(项目号:51179166)、高校博士点专项科研基金项目"石羊河流域咸水非充分灌溉土壤水盐试验与模拟"（项目号：20123250110004）的支持。

由于作者水平和时间所限，所取得的成果仅是西北旱区土壤水盐运移的部分方面，对个别问题的认识和研究还有待于进一步深化，不足之处恳请有关专家和读者批评指正。

作 者

2023 年 2 月

目　录

第 1 章　绪　论

1.1　研究背景与意义

随着全球人口的不断增长和经济的快速发展,对于水资源的需求量正日益增大,世界上许多流域相继出现了水资源供需矛盾等问题,水资源短缺已经成为制约全球社会经济可持续发展的关键因素之一。我国虽然水资源总量较丰富,但我国人口较多,人均水资源占有量较少,仅为世界人均水平的 25%,是全球水资源较贫乏的国家之一。我国各地区降水量差异较大,水资源分布不均匀,且水土资源不相匹配。而西北干旱半干旱地区(包括陕西、甘肃、宁夏、青海、新疆和内蒙古西部等区域)水资源问题更加严重,该地区总面积约为 3.47×10^6 km^2,占国土面积的 36%,但该地区气候干旱,降水量少而蒸发量大,水资源严重短缺,水资源总量为 2.254×10^2 亿 m^3,仅占全国水资源总量的 9%,人均水资源占有量仅为 1 573 m^3,是全国人均水平的 68%。西北旱区第一用水大户是农业灌溉,西北旱区农业年用水量约 7.08×10^2 亿 m^3,占总用水量的 90.5%,高于全国的 70%。由于水资源的严重匮乏,农业生产过量引用地表水和超采地下水,致使西北旱区的水土资源及生态环境恶化,目前水资源短缺严重制约着西北旱区社会经济的可持续发展和生态环境的改善。

石羊河流域位于甘肃省河西走廊东端,处于乌鞘岭以西,祁连山北麓,地理位置介于东经 101°41′~104°16′,北纬 36°29′~39°27′。东南部与甘肃省的白银、兰州两市相连,西南部紧靠青海省,西北部与张掖市毗邻,东北部与内蒙古自治区接壤。河流发源于祁连山东部冷龙岭北坡,消失于巴丹吉林和腾格里沙漠之间的民勤盆地北部。石羊河流域是甘肃省河西走廊三大内陆河之一,流域总面积为 4.16 万 km^2,占甘肃省内陆河流域总面积的 15.4%。该流域属于典型的干旱内陆区,气候干燥,降雨稀少,年平均降水量为 150 mm,年平均蒸发量达 2 600 mm。石羊河流域是我国西北干旱地区水资源开发利用程度最高、用水矛盾最突出、生态环境问题最严重的地区之一。

石羊河流域水资源主要特征如下:①地表径流的年分配不均匀,表现为年际周期性变化,呈下降趋势;②下游民勤地区来水逐年锐减;③地下水严重超采,地下水位逐年下降。石羊河流域属典型的资源型缺水地区,按现有人口和耕地计算,自产水资源量人均 755 m^3,约占全国人均的 1/3,耕地亩均 270 m^3,不到全国亩均的 1/6。流域现状用水总量为 28.77 亿 m^3,其中,地下水年超采量为 4.32 亿 m^3,现农业总用水量为 24.34 亿 m^3,占总用水量的 84.6%。由于上下游多次重复利用以及地下水的严重超采,流域水资源开发利用率高达 172%,远高于国际公认的内陆河流域水资源开发利用率 40% 的合理限度。随着人口的增加和经济社会的快速发展,流域内水资源的供需矛盾日趋尖锐,生态环境持续恶化。由于经济社会发展用水严重挤占生态用水,导致当地地下水位逐年下降、生态植被退化、土地荒漠化等生态环境恶化现象,严重威胁当地群众的生产和生活。昔日民勤绿洲北部水草丰美、湖水荡漾的青土湖,20 世纪五六十年代已干涸见底,石羊河流域下游地区已成为我国四大沙尘暴的发源地之一,民勤北部湖区"罗布泊"现象已经显现。石羊河流域的生态问题已经引起国务院领导和有关部委的高度重视,自 2001 年以来,温家宝总理先后多次做出重要批示,明确指示"决不能让民勤成为第二个罗布泊,这不仅是个决心,而是一定要实现的目标。"甘肃省委、省政府把治理石羊河流域列为全省水利建设的"一号工程"。2013 年,习近平总书记在甘肃考察时明确指示"确保民勤不成为第二个罗布泊"。

由于石羊河流域地表水资源十分短缺,农业生产高度依赖于利用地下水进行灌溉,致使地下水位逐渐下降,同时地下水矿化度逐年升高。石羊河流域下游民勤县地下水位埋深达 50 ~ 100 m,并且地下水位平均每年以 0.92 m 的速度下降,地下水矿化度达 3.0 ~ 9.0 g/L,地下水矿化度每年以 0.12 g/L 的速度增加。利用地下微咸水灌溉已经成为石羊河流域重要的补充灌溉水源,也是缓解淡水资源不足,进而保障农业生产稳步发展的重要方式之一。非充分灌溉作为一种追求较高水分生产率的灌溉方式,已经在石羊河流域广泛应用。但是,随着咸水非充分灌溉的实施运用,农田土壤环境将发生改变,特别是耕作层土壤盐分累积,将产生土壤次生盐碱化。咸水非充分灌溉条件下,由于灌溉水量和灌水矿化度的不同,农田土壤剖面水分运动及盐分累积会表现出不同的特征,同时也会改变土壤剖面水分和盐分累积的方式。首先,从水盐运动机制角度考虑,一方面,作物根系吸水受到水盐双重的胁迫,反过来会影响土壤水分和盐分的运动;另一方面,土壤盐分增加会导致土壤物理和水力特性发生改变,土壤非饱和导水率、土壤水分扩散率以及水动力弥散系数的改变都会进一步影响土壤水分和盐分的运动。其次,从农业生产角度考虑,咸水非充分灌溉在追求经济效益(作物产量最高)的同时,又要考虑农田土壤的可持续利用(土壤盐分累积低于某一阈值)和农业生产的可持续发展。河西走廊由于独特的气候和地理条件,被誉为生产天然玉米种子的理想王国,是农业部首批认定的 26 个国家级杂交玉米生产基地,这里生产的玉米种子商品性好、籽粒饱满。河西走廊制种玉米种植面积占作物总制种面积的 90%,占全国制种玉米面积的 53%,产量约占全国的 60%。由于制种玉米种植面积大、生育期长、耗水量大,主要是利用地下水资源进行灌溉,因此如何合理利用地下咸水资源,制定科学的灌溉制度,发展节水高产的制种玉米产业模式,对石羊河流域水资源高效利用和农业可持续发展有着重要意义。

基于上述认识,本书以西北旱区的石羊河流域为典型研究区,通过田间试验和数值模拟相结合的研究手段,研究石羊河流域咸水灌溉、咸水非充分灌溉条件下农田土壤水盐动态规律和对制种玉米生长的影响,在田间试验的基础上,对 SWAP 模型参数进行率定和验证,并应用率定后的 SWAP 模型模拟和分析了石羊河流域咸水灌溉、咸水非充分灌溉下农田土壤水盐通量变化及土壤水盐平衡状况,并模拟和优化了制种玉米咸水灌溉利用模式和咸水非充分灌溉制度,为西北旱区水资源高效利用和农业可持续发展提供理论依据。

1.2 国内外研究现状

1.2.1 土壤水盐运移研究概况

土壤中的水分和盐分在时间和空间上的变化过程称为土壤水盐运移,国内外研究者对土壤水盐运移做了大量的研究。总体上,研究经历了从定性到定量的发展过程,研究方法从最初的室内试验或田间野外试验发展到土壤水盐运移数学模型模拟的定量研究。1856 年,法国水利工程师达西(Darcy)通过饱和砂层的渗透试验得出了渗透流速与水力梯度成正比的关系,提出了达西定律,该定律阐明了多孔介质饱和水流的运动机制,从此开启了土壤水盐运移理论研究的大门。Buckingham(1907)为解决土壤水毛细理论的缺陷,基于能量守恒和热力学理论,提出了计算水流通量的 Darcy-Buckingham 计算公式。Richards(1931)最早把达西定律引入到非饱和土壤水,用偏微分方程描述非饱和土壤水的运移情况,建立了多孔介质中非饱和水流运动的基本方程,开始了土壤水分运动的定量研究。该方程基于物质与能量守恒原理,采用动力学的观点,形成了土壤水分运动研究的理论基础。

土壤盐分运动遵循"盐随水来、盐随水去、水散盐留"的规律,土壤盐分运动伴随着土壤水分运动而出现。20 世纪 30 年代,Schofield 提出的土壤水盐平衡理论与达西定律相结合,就此构成了现代土壤水盐运动研究的基本理论框架。Lapidus 和 Amundson(1952)首次将对流-扩散方程的模型应用于溶质运移问题,该模型认为溶质离子的吸收和解吸过程是由对流与弥散作用引起的,这标志着溶质运移定量研究的开始。Nielsen 和 Biggar(1961)提出了溶质易混合置换理论并基于质量守恒原理、连续性原理建立起了对流-弥散方程,这是土壤溶质运移理论研究的基本方程,并在此基础上,进行了一维、二维和三维土壤水盐运移方程的研究。Olsen 等(1965)总结提出了非稳态水流条件下的溶质扩散-弥散系数的经验公式。van Genuchten(1978)应用网格差分法和有限元法模拟了分层土壤的入渗过程,描述了水分和溶质的入渗原理。Ayars(1981)利用数值模型来模拟可溶性盐在土壤中运移的过程,并率定和验证了水力传导系数和土壤水动力弥散系数。此后,随着对流-弥散方程的不断改进,Bresler(1982)系统总结了盐分运移的原理和模型,成为当时国际上在水盐运移方面研究的主流观点和动向。

20 世纪 80 年代以后,水盐运移机制研究进入新的阶段,研究更注重农田复杂的实际情况,并应用数值模型来模拟和预测农田土壤水盐运移变化。Jury 等(1984)系统总结了田间土壤水盐运移规律,提出了土壤水盐运移的确定性和随机性两大类模型。随机模型考虑了土壤空间变异性和水盐运移的随机性,适用于野外非饱和土壤溶质运动的研究。Nielsen(1986)提出了考虑源汇项的饱和土壤溶质运移模型,综合考虑了土壤溶质运移的各种现象,包括土壤溶质运移的物理、化学、生物等过程。van Genuchten(1989)考虑不动水体的影响,提出了土壤水盐运移的动水-不动水体理论。Gerke 和 van Genuchten(1993)考虑优先流或大空隙流,基于对流-弥散方程,提出了优先流双重渗透模型,并在此基础上,建立了土壤水盐运动的两区-两域模型。Ksaizynski(1994)以物质平衡原理为基础,提出了溶质运移活塞渗漏模型和半解析解模型。Jury 等(1994)考虑不同溶质粒子运动速度的变化情况,对溶质运移流管模型进行了改进。Vanderborght 等(2006)应用流管模型对溶质运移进行模拟,并对模型进行了简化,表明流管模型能够比对流–弥散模型预测出更早的穿透点。

近年来,部分学者应用人工神经网络模型来模拟和预测土壤水盐动态,可以较好地定量描述土壤水盐动态变化与各影响因素之间的相应关系。随着计算机技术的兴起,各种土壤水盐运移模型软件应运而生,最具有代表的有 HYDRUS – 1D、HYDRUS – 2D、HYDRUS–3D 和 SWMS–1D、SWMS–2D、SWMS–3D 等模型软件,这些模型软件均能够较好地模拟饱和–非饱和多孔介质水盐运移规律。此外,WAVE、SWAP、PORFLOW、2DFATMIC、SaltMod、SUTRA 等模型软件也广泛用于模拟土壤水盐运移。随着对土壤水盐运移研究的不断深入,研究内容也更加多元丰富。

国内对土壤水盐运移的研究开始于 20 世纪 50 年代,主要通过应用调查统计法,研究地下水矿化度和地表土壤盐碱化的影响关系。但主要土壤水盐运移理论的形成是在 20 世纪 80 年代以后,在吸收国外水盐运移理论的基础上进行研究。张蔚榛(1982)利用水盐平衡和数值模拟方法对区域水盐运移进行预测预报。雷志栋等(1988)采用有限元方法对一维非饱和土壤水分问题进行了数值计算。石元春等(1983)系统研究了黄淮海平原的水盐动态特点,提出了黄淮海平原的水均衡方程和模型。李韵珠(1998)运用动力学模型方法研究了非稳态蒸发条件下夹黏土层的土壤水盐运动。杨金忠(1986)在饱和–非饱和土壤水盐运移计算方法上,提出了一种求解水动力弥散方程的数值方法,并采用试算法反求弥散参数。张展羽等(1998)考虑作物水–盐耦合模型,建立了冬小麦不同生育阶段的水盐响应模型。

进入 21 世纪后,土壤水盐运移理论和方法的研究成为土壤科学和农田水利等学科的热点问题。特别是在土壤水盐运移数值计算方法、土壤水盐运移模型的构建和不同尺度下的土壤水盐运移规律方面进行深入的研究。邵明安等(2000)利用积分方法求解了一维水平非饱和土壤水分运动问题,构建了简单入渗法模型,用以推求 van Genuchten 土壤水分特征曲线模型中的参数。胡安焱(2002)根据水量平衡方程和盐分平衡方程,建立了土壤水盐模型,计算了干旱内陆区的土壤水盐运移量。徐力刚(2003)在分析不同种植作物下土壤水盐动态变化特征的基础上,得到了土壤水盐动态规律,为土壤水盐运移模型的建立和土壤盐碱化的预测预报提供了理论基础。杨玉建等(2004)基于 GIS 与溶质运移模型结合起来,建立了区域尺度的水盐运动数值模型,实现了时空模式化的水盐运动的自动化监测与预报。李瑞平等(2007)对西北干旱与寒冷地区土壤冻融期气温与土壤水盐运移特征进行了研究,表明冻融期的盐分运移机制比水分运移机制复杂,并利用土壤水热盐耦合模型(SHAW)进行了模拟研究。岳卫峰等(2008)建立了河套灌区义长灌域非农区–农区–水域的水盐运移及均衡模型,并利用该模型对不同景观单元的水盐运移进行了定量分析。姚荣江等(2009)将人工神经网络引入水盐信息模拟与预测中,建立了区域土壤水盐空间分布信息的 BP 神经网络模型。余根坚等(2013)利用 HYDRUS–1D/2D 数值模型对内蒙古河套灌区不同灌水模式下土壤水盐运移规律进行了模拟,分析了不同灌溉模式下的水盐运移状态。周和平等(2014)研究了膜下滴灌微区环境对土壤水盐运移的影响,利用柯布-道格拉斯模型,构建了膜下滴灌微区环境综合因素与土壤水盐关系及影响效应分析模型。王全九等(2017)研究了磁化微咸水对土壤水盐运移的影响,结果表明,磁化微咸水入渗对 Philip 和 Green-Ampt 入渗公式参数有显著影响。郭勇等(2019)研究了新疆农田-防护林-荒漠复合生态系统下的土壤水盐运移规律,并构建了农田-防护林-荒漠复合生态系统 BP 神经网络土壤水盐耦合模型。

综上所述,国内外学者对土壤水盐运移进行了大量的理论与试验研究,取得了丰富的研究成果。由于土壤水盐运移规律十分复杂,特别是在不同灌溉排水等变化环境条件下,土壤水盐运移规律复杂多变,针对不同情况下的土壤水盐运移规律应该进行深入的研究。因此,开展西北旱区咸水灌溉、咸水非充分灌溉条件下土壤水盐运移规律的研究,对丰富土壤水盐运移研究和促进西北旱区农业可持续发展具有重要意义。

1.2.2　咸水灌溉研究概况

所谓咸水或微咸水,是指水中含有一定溶质浓度和不同盐分组成的含盐水。电导率和矿化度是衡量咸水水质的主要指标。国际上通常采用电导率来定义水的类型,电导率小于 0.7 dS/m 的为淡水,电导率为 0.7~2 dS/m 的为微咸水,电导率为 2~10 dS/m 的为中度咸水,电导率为 10~25 dS/m 的为高度咸水。我国通常采用矿化度来定义水的类型,矿化度小于 1 g/L 的为淡水,1~3 g/L 的为微咸水,3~10 g/L 的为咸水,10~50 g/L 的为盐水,大于 50 g/L 为卤水。咸水灌溉则是利用一定矿化度的咸水对作物进行灌溉。国内外利用咸水灌溉已经有 100 多年的历史,并在世界不同国家和地区广泛应用。美国、以色列、叙利亚、突尼斯、日本、印度、澳大利亚等国家应用咸水灌溉比较早,并逐步建立了较完善的咸水灌溉技术体系。在美国西南部采用矿化度为 2.5~4.9 g/L 的咸水对棉花进行灌溉,灌溉方式为畦灌灌水方式,实践表明棉花产量与淡水灌溉产量几乎相同。在澳大利亚西部采用矿化度大于 3.5 g/L 的咸水对苹果树和葡萄树进行灌溉,实践表明,短时期的咸水灌溉均获得较满意效果。以色列大面积利用咸水进行灌溉,普遍采用矿化度为 1.2~5.6 g/L 的地下微咸水或咸水进行农田灌溉,其中喷灌和滴灌是其农业灌溉的主要方式。我国在北方干旱半干旱地区以及滨海地区也都有不同程度利用咸水灌溉或微咸水灌溉的经验,利用矿化度小于 5.0 g/L 的咸水对粮食、蔬菜、棉花等作物进行灌溉,均取得了较好的应用效果。因此,在淡水资源短缺的地区,利用咸水灌溉在一定程度上能够弥补淡水资源的不足、实现水资源的高效利用和缓解农业生产水资源危机的目的。

咸水安全利用的关键是选择适宜的灌溉方式和灌水技术来控制土壤中累积的盐分不超过作物的耐盐度,对作物的生长和产量不造成严重的影响。目前,常用的咸水灌溉方式有直接利用咸水灌溉、咸淡水轮流灌溉和咸淡水混合灌溉;咸水灌溉技术主要有畦灌、喷灌、滴灌、沟灌等。已有大量国内外研究者开展了咸水灌溉模式野外田间试验的研究。Singh(2004)在印度哈里亚邦西部采用不同电导率的咸水进行小麦-棉花轮作灌溉试验,研究表明利用电导率为 14 dS/m 的咸水进行咸淡水轮流灌溉,对小麦和棉花的生长影响较小。Malash 等(2005)在埃及设置了 6 种不同的咸水(电导率为 4.2~4.8 dS/m)和淡水(电导率为 0.55 dS/m)按不同比例混合用于灌溉番茄的试验,研究表明采用 40%咸水和60%淡水进行混合灌溉处理的效果最好,番茄最高产量能达到 3.2 kg/株。Ghane 等

(2009)在伊朗开展了冬小麦咸水沟灌试验,采用灌溉水矿化度为 4~12 dS/m 的咸水和沟地提高 60 cm 的常规平整土地栽培方式,能够获得较高的冬小麦产量并提高水分利用效率。Verma 等(2012)在印度阿拉格地区开展了为期 3 年的小麦咸水灌溉试验,结果表明,小麦播种前利用电导率为 3.6 dS/m 的咸水进行播前灌溉,生育期利用电导率为 8.0 dS/m 的咸水进行补充灌溉,能够使小麦的产量达到潜在产量的 80%,即使在枯水年份也可以有效地克服土壤盐分累积的影响。Talebnejad 等(2015)在伊朗开展了不同地下咸水深度和灌溉水矿化度对藜麦生物量和产量的影响,结果表明,藜麦生育期利用电导率低于 20 dS/m 的咸水灌溉,生育期灌溉定额为 210 mm,并且地下水位埋深控制在 0.8 m 左右,不会造成藜麦生物量和产量的降低。

我国许多学者也开展了咸水灌溉的试验与理论研究。王卫光等(2004)在内蒙古乌拉特前旗红卫试验站开展了咸水灌溉试验研究,结果表明,适宜当地条件的灌溉方式为咸淡水轮灌,作物生育期灌溉 3 次,灌溉定额为 2 812.5 m³/hm²。吴忠东等(2007)在河北中科院南皮试验站开展了不同组合顺序的微咸水灌溉试验,结果表明,冬小麦采用咸淡水交替方式,即"淡-淡-咸"的组合灌溉顺序为最优方案,且冬小麦生育期灌溉定额为 195 mm。Jiang 等(2013)在甘肃石羊河流域开展了 2 年的春小麦咸水灌溉试验,结果表明,研究区适宜春小麦的咸水灌溉模式为生育期灌溉定额为 300 mm,生育期内共灌溉 4 次,且灌溉水电导率低于 3.2 dS/m。Liu 等(2016)在华北平原开展了 3 年的冬小麦和夏玉米轮作的咸水灌溉试验,结果表明,在干旱枯水年份于冬小麦拔节期采用 2.8 dS/m 的微咸水灌溉,夏玉米播种前利用淡水灌溉,且每次灌水定额为 60 mm,能够增加冬小麦和夏玉米的产量。Feng 等(2017)在江苏南京开展了 2 年的夏玉米咸水灌溉试验,研究了在地下排水系统下咸水灌溉对土壤盐分和夏玉米产量的影响,结果表明,暗管排水深度控制在 0.8 m 的情况下,即使电导率高于 6.25 dS/m 的咸水也适用于灌溉夏玉米,对夏玉米产量影响较小,并且能够维持土壤盐分平衡。

由于野外田间试验受外界因素的影响和制约,长时间开展野外田间试验耗费也较大,且很难全面开展各种咸水灌溉试验。国内外部分研究者也通过田间试验和数值模拟相结合的方法对不同作物咸水灌溉模式进行模拟和优化。Kaya 等(2016)在地中海地区开展藜麦淡水和咸水灌溉试验的基础上,利用 SALTMED 模型模拟了藜麦淡水和咸水灌溉条件下土壤含水量、藜麦干物质量和籽粒产量。Wang 等(2017)在华北平原开展冬小麦咸水灌溉田间试验的基础上,对 HYDRUS-1D 模型和 EPIC 模型进行耦合,基于 HYDRUS-EPIC 模型模拟了连续 10 年咸水灌溉对冬小麦产量的影响,结果表明,利用电导率为 5.0 dS/m 的咸水和灌溉定额为 0.8 ET$_C$ 连续灌溉 10 年后,冬小麦的产量能达到潜在产量的 86%以上。Phogat 等(2018)在澳大利亚墨累河地区开展葡萄咸水非充分灌溉试验的基础上,利用 HYDRUS-1D 模型模拟了葡萄长时期咸水非充分灌溉下土壤水盐动态及平衡,结果表明,灌溉水矿化度的增大会增加土壤盐分累积量,影响葡萄的生长。Masoud 等(2020)在伊朗西拉子地区开展春小麦咸水灌溉试验的基础上,利用 SALTMED 和 HYDRUS-1D 耦合模型模拟了春小麦咸水灌溉条件下的土壤含水量和土壤含盐量,并预测了不同咸水灌溉条件下的春小麦干物质量和产量。

综上所述,在干旱半干旱地区应用咸水灌溉,应结合作物种类、土壤条件、地下水位埋深、气象条件、灌溉方式、灌溉技术以及农艺措施,制定不同作物的咸水灌溉模式和灌溉制度,将咸水资源合理地应用到农业生产中,达到水资源高效利用的目的,实现农业生产的可持续发展。

1.2.3 非充分灌溉研究概况

非充分灌溉在国外也叫限水灌溉或腾发量亏缺灌溉。当灌溉时的腾发量符合 $ET_a < ET_m$ 时(ET_a 为实际的腾发量,ET_m 为使作物产量达到最高时的腾发量)则称为非充分灌溉。非充分灌溉是利用作物本身具有一定的生理节水与抗旱能力的特点,以达到既节水,又高产高效,以有限水量的投入获得最大效益的灌溉方式。国内外对非充分灌溉技术用于农田进行灌溉有过大量的研究和报道。加利福尼亚州中央河谷灌区 1969—1977 年对 6 种作物进行了为期 9 年的充分灌溉与非充分灌溉的对比试验,研究表明,非充分灌溉比充分灌溉的最高产量减产并不严重。20 世纪 80 年代中期,我国北方也开始进行专门试验探索非充分灌溉问题。1986 年,由内蒙古自治区水利科学研究院与乌兰察布市水利科学研究所分别在呼和浩特市与凉城县进行了春小麦非充分灌溉试验研究,获得了可喜成果并通过国内专家鉴定。但是,国内外大多数的研究都是针对非充分灌溉条件下作物耗水规律及可靠的产量模式进行的,非充分灌溉应用过程中需要解决的关键问题是如何把有限的灌溉水量科学地分配到不同地区、不同作物以及作物的不同生育阶段,以期获得更大的净收益。近些年来,研究者的研究方向主要集中在非充分灌溉对作物生长的影响以及非充分灌溉条件下农田土壤水盐分布方面。

研究者通过大量的试验发现,在通常情况下,一定程度的水分胁迫对作物的生长并无不利影响,作物不同生育期对水分胁迫的反应不同,只有当水分胁迫达到一定数值时,才会影响作物的生长。张振华等(2001)研究了水分亏缺对覆膜玉米生长发育及产量的影响,结果表明,在玉米的苗期和拔节期进行水分亏缺处理是最适宜的时期,适宜的水分亏缺不会造成产量的明显降低,而抽雄开花期玉米对水分胁迫最敏感,此时期轻度的水分亏缺可以造成玉米产量大幅度下降,抽雄期后的水分亏缺对玉米生长发育影响不明显。胡梦芸等(2007)在大田栽培条件下,对不同品种小麦进行亏水灌溉试验,结果表明,在拔节期前不灌溉,拔节期到开花期亏水灌溉,能够促进干物质积累和深根发育,提高土壤的水分利用效率;在灌浆期水分亏缺可以使光和速率及气孔导度降低,加速功能叶片的衰老,但同时诱导了花前存储碳库的再转运,显著提高了收获指数和作物产量。水分亏缺能够降低作物株高、最大叶面积指数,作物籽粒数和籽粒大小都会减少;水分胁迫也会造成产量构成要素如穗长、穗粒和穗粒重的减少从而影响产量。俞建河等(2010)研究了南方地区非充分灌溉对水稻生长发育和产量构成的影响,结果表明,水稻分蘖期水分亏缺主要推迟生育进程,影响分蘖数,导致成穗数不足而减产;拔节期水分亏缺主要抑制水稻株高,影响穗粒数、结实率和千粒重,从而导致严重减产;抽穗期水分亏缺主要降低水稻结实粒和千粒重,导致严重减产;乳熟期水分亏缺主要影响水稻千粒重,导致最终减产。Ali 等(2007)试验研究结果表明,小麦拔节期中度的水分亏缺和开花期轻度的水分亏缺可获得最高的水分利用效率和灌溉水利用效率。Pandey 等(2000)研究了非充分灌溉和施氮对作物产量、蒸散量以及水分利用效率的影响,在相同的灌溉水平下,可以提高产量和水分利用效率。Kang 等(2000)对西北地区玉米进行了长期的调亏灌溉试验,研究结果表明,玉米苗期对水分亏缺并不敏感,因此在苗期和拔节期对玉米进行适度的水分胁迫不会造成作物产量明显的降低,而水分利用效率反而有所提高。尽管国内外研究者在非充分灌溉方面做了大量的试验研究工作,但研究成果大多局限于某个特定地区或某种作物,限制了研究成果的推广使用。

有关非充分灌溉条件下农田土壤水分运动的研究大多是针对土壤水分动态变化过程和水量平衡的研究,张展羽等(2003)系统阐述了非充分灌溉条件下土壤水分动态变化的两种模拟模型,即大田水量平衡模拟模型和土壤水运动模拟模型,提出了农田计划湿润层土壤含水量非线性变化的计算方法,并且结合江苏五岸灌区冬小麦实测资料,对两种模型进行了分析比较。冯绍元等(2012)在北京市典型农田开展了冬小麦-夏玉米非充分灌溉试验,通过对 SWAP 模型率定和验证,模拟分析了非充分灌溉农田耗水规律和水分转化过程,并应用该模型得到了该研究区域不同降水年型的最优非充分灌溉模式。王仰仁等(2009)考虑土壤根系区和储水区下界面处的水流通量,构建了二区概念性模型,模拟结果表明,在山西萧河地区冬小麦返青后灌水量越大根系区深层渗漏量越大,而非充分灌溉会促使深层土壤水分向上补给根系区。

近年来,由于水资源的缺乏,研究干旱和半干旱地区咸水或微咸水非充分灌溉条件下土壤水盐运动规律及其调控越来越受到重视。蒋静等(2008)通过春玉米咸水非充分灌溉试验,研究了石羊河流域咸水非充分灌溉对土壤水盐分布及玉米产量的影响,结果表明,相同矿化度下非充分灌溉处理的土壤盐分均比充分灌溉处理低,非充分灌溉处理土壤盐分累积层比充分灌溉处理上移。赵志才等(2010)研究了咸水非充分灌溉条件下土壤水分动态和盐分累积特征,结果表明,充分灌溉使水分存储在较深土层中,而非充分灌溉则使水分存储在表层;在相同矿化度条件下,土体内的盐分含量及积盐深度随着灌溉水量的增加而增大。吴忠东等(2009)研究了咸水非充分灌溉条件对土壤水盐分布及冬小麦的影响,结果表明,冬小麦主根区含盐量随着生育期的发展而逐渐增加,到麦收后达到最大值,灌浆期缺水处理有最大的土壤含盐量。

综上所述,对咸水非充分灌溉农田土壤水盐运动的研究已由理论研究逐渐发展到了灌溉决策的应用研究,在一定程度上促进了咸水非充分灌溉下水盐调控技术的发展。但在干旱半干旱地区应用咸水非充分灌溉,应针对不同农作物、土壤条件、地下水位埋深、气象条件和农艺措施,对农田土壤水盐运动进行调控,制定适宜作物生长的咸水非充分灌溉模式。

1.2.4　SWAP 模型应用研究概况

SWAP(Soil-Water-Atmosphere-Plant)模型是由荷兰 Wageningen 大学集成的一种用于描述土壤-植物-大气-作物系统(SPAC 系统)中土壤水流运动、溶质运移、热量传输及作物生长过程的综合模型。该模型具有较好的理论基础,多年来在许多国家和地区得到了广泛应用并取得了较好的应用效果。该模型由土壤水流运动、溶质运移、土壤蒸发、植物蒸腾、热量传输及作物生长等六个子模块组成,各个模块并不是相互独立,而是相互影响,主要用于模拟农田尺度下的土壤水分运移、溶质运移、热量传输和作物生长。

国内外研究者应用 SWAP 模型模拟农田尺度下土壤水盐运移、地下水变化以及农田排水等方面的研究。Crescimanno(2005)利用 SWAP 模型模拟了意大利西西里岛地区有裂隙的黏土层中土壤水盐运移过程,对土壤水力特性和溶质运移等参数进行了率定和验证,并模拟了七种不同土壤剖面的土壤含水率和电导率。Singh 等(2006)在印度利用 SWAP 模型模拟了小麦和棉花生长条件下的土壤水盐动态平衡和作物水分生产力。Mandare 等(2008)利用 SWAP 模型模拟了印度西北部不同灌溉水量和矿化度组合对春小麦产量和土壤含盐量的影响,并提出了提高作物产量和维持土壤盐分低于阈值的灌溉管理模式。Sampipour 等(2010)利用 SWAP 模型模拟了印度西南部一块甘蔗农田不同排水沟间距和深度组合下的作物相对产量和排水量,研究表明以甘蔗相对产量达到 80% 且排水量最小为目标,SWAP 模型模拟得到适宜的排水沟深为 1.60 m,排水沟间距为 25 m。Qureshi 等(2011)利用 SWAP 模型模拟了乌兹别克斯坦锡尔河地区棉花生长情况下的最优地下水位埋深和灌溉水量,结果表明,当优化排水深度大约为 2.0 m 和灌溉定额为 2 500 m³/hm² 时,能够保证棉花达到最高潜在产量 5~6 t/hm²。Qureshi 等(2013)利用 SWAP 模型模拟和优化了伊拉克中部小麦和玉米种植条件下的地下水位埋深和灌溉水量,结果表明,在研究区修建排水系统,使地下水位埋深保持在 2.0 m 左右,且小麦的灌溉定额为 500 mm 及玉米的灌溉定额为 600 mm,能够保证获得最优的产量。Shafiei 等(2014)利用 SWAP 模型模拟了在伊朗干旱地区两种田块的土壤水分动态和水流通量,结果表明,农田土壤深层的向下渗漏的水流通量变化较大,对土壤导水率影响更敏感。

江燕等(2009)利用 SWAP 模型模拟分析了内蒙古河套灌区义长灌域永联试验区排水工程措施对田间水均衡的影响,结果表明,适宜研究区的排水沟间距为 500 m 和深度为 2.5 m。Jiang 等(2011)利用 SWAP 模型模拟了甘肃石羊河流域春小麦咸水非充分灌溉条件下的土壤水盐动态,结果表明,连续五年使用咸水灌溉,土壤盐分能够保持平稳,SWAP 模型是一个能够长期预测土壤水盐动态变化过程的有效工具。霍再林等(2012)利用 SWAP 模型模拟了河南新乡冬小麦生育期不同灌溉水量和不同地下水位埋深条件下的土壤含水量和水流通量,结果表明,当地下水位埋深小于 3 m 且减小灌溉水量时,冬小麦明显利用下层土壤水分或浅层地下水,在实际情况下应该根据地下水位埋深的变化来确定灌水频率和灌水定额。Xu 等(2013)利用 SWAP 模型模拟了宁夏青铜峡灌区不同地下水位埋深和不同灌溉水量条件下的土壤水盐动态和春小麦产量,结果表明,维持现有灌溉定额的情况下,由于土壤盐分胁迫,地下水位埋深增大将会导致春小麦轻微减产,当地下水位埋深为 1.0~1.5 m 时,最有利于春小麦的生长。Ma 等(2015)利用 SWAP 模型模拟和优化了华北地区冬小麦-夏玉米轮作体系的灌溉制度和地下水补给量,结果表明,地下水补给量取决于当地降雨量和灌溉量,地下水位埋深和土壤质地是影响地下水补给量的关键因素。Xu 等(2015)利用 SWAP 模型模拟了内蒙古河套灌区曙光试验站内的地下水补给量和毛细管上升水量,结果表明,地下水的毛细管上升量随着作物根系的生长而逐渐增大,当地下水位埋深小于 1.5 m 时对作物生长影响较明显,当地下水位埋深大于 2.0 m 时对作物生长影响不明显。陈凯文等(2019)利用 SWAP 模型模拟了不同水文年份下 4 种节水灌溉模式下的水稻田土壤水分运移过程,分析了 4 种节水灌溉模式的节水减排与高产的效果,结果表明,对于不同水文年型下控制灌排方式具有明显的节水省工的效果,且不造成水稻产量减产,有利于指导水稻节水灌溉实践。

国内外部分研究者也应用 SWAP 模型模拟作物生长过程、作物耗水量和水分生产力等方面的研究。Hupet 等(2004)利用 SWAP 模型模拟了比利时地区土壤水力特性参数的变异性对玉米蒸散量和产量的影响,结果表明,土壤水力特性参数对模拟实际作物的蒸腾量和产量随着气候干旱程度的增加而变化明显。Ben-Asher 等(2006)利用 SWAP 模型模拟了不同灌水矿化度对葡萄生长和产量的影响,并且比较了 SWAP 模型中作物模块的简单模型和详细模型,结果表明,由于受到作物生育期耗水差异的影响,作物详细模型模拟得到更高的蒸腾量,而简单作物模型由于作物根系吸收更少的水分从而模拟得到更高的土壤含水量。Kahlown 等(2007)利用 SWAP 模型模拟了巴基斯坦印度河盆地水稻和小麦在喷灌条件下的产量和水分生产力,结果表明,与常规灌溉相比,采用喷灌后水稻产量增加了 18%,耗水量减少了 35%,且小麦和水稻的水分生产力分别达到了 3.95 kg/m^3 和 0.55 kg/m^3。Vazifedoust 等(2008)利用 SWAP 模型模拟了伊朗布哈拉地区主要作物非充分灌溉条件下的水分生产力,结果表明,在灌溉时间和灌溉水量方面改进灌溉制度可以提高作物的水分生产力,在水分短缺的情况下减少种植面积可以提高作物水分生产力。Rodrigues 等(2014)利用 SWAP 模型模拟了巴西不同作物的水分生产力,结果表明,作物水分生产力随着灌溉水量的增加而减少,由于作物生育期内降水量和作物实际蒸散量减少,灌溉对作物产量有明显的影响。Ma 等(2011)利用 SWAP 模型模拟了北京海河流域地区冬小麦与夏玉米轮作条件下不同水文年份的地下水补给量与作物水分生产力,结果表明,最优非充分灌溉模式下能够提高作物的水分生产力,且不同年份平均节水量和地下水补给量分别为 190 mm 与 16.1 mm。Jiang 等(2016)利用 SWAP 模型模拟了甘肃石羊河流域春玉米咸水非充分灌溉条件下的水盐动态、作物产量及水分生产力,结果表明,与淡水灌溉相比,咸水灌溉处理下具有更高的土壤含盐量及盐分累积量以及更低的作物相对产量和水分生产力,而作物种植在盐化土壤时,在作物相对产量和水分生产力较高的情况下,灌溉水量的影响不明显。

近年来,许多研究者将 SWAP 模型与其他模拟模型联合起来应用,得到了更深入的研究结果。Singh 等(2006)将 SWAP 模型与 GIS 相结合,模拟了印度地区作物腾发量、作物产量以及土壤水分和盐分平衡组成。杨树青(2005)以内蒙古河套灌区的资料为基础,将 SWAP 模型与 MODFLOW 耦合,并且与地质统计学理论联合起来对微咸水灌溉的水−土环境效应进行预测模拟。王少丽等(2006)将 SWAP 模型和改进的有机氮肥管理模型 MANIMEA 相耦合,用来模拟评价施用猪粪条件下铵态氮和硝态氮通过地下排水的流失量。李彦等(2012)基于田间试验资料,将 SWAP 模型与 GIS 技术、RS 技术相结合,构建了内蒙古河套灌区解放闸灌区的区域土壤水盐运移分布式模型,并利用构建的模型模拟了区域尺度下现状灌溉和节水灌溉两种条件下的土壤水盐时空演变规律,评价了灌溉水有效利用率。徐旭等(2013)为了研究土壤水盐运移与作物生长过程的关系,构建了改进的农田尺度土壤水盐运移与作物耦合的 SWAP-EPIC 模型,并分别利用宁夏惠农灌区春小麦和春玉米田间试验数据对模型的田间适用性进行了检验,结果表明,改进的 SWAP-EPIC 模型可较好地应用于干旱地区田间尺度下土壤水盐运移与作物生长耦合模拟。Jiang 等(2015)以甘肃黑河流域的张掖盈科灌区为研究区域,基于农田尺度农业水文

SWAP-EPIC 模型构建了区域分布式模拟模型,对不同作物生长条件下的土壤水量平衡、作物的产量及水分生产力的空间分布进行了模拟,并评价了研究区主要作物的水分生产力。王利民等(2019)以黑龙江南部地区为研究区,以 SWAP 模型为基础,确定春玉米的作物生长模型参数,并使用 SCE-UA 同化算法,基于 MODIS 的 LAI 和 ET 数据集,进行了作物生长模型和遥感数据的同化,结果表明,研究区的玉米产量与统计产量直接吻合,基于 SWAP 模型同化 MODIS 数据,可有效地进行研究区域的玉米产量遥感监测。

综上所述,SWAP 模型可以模拟不同灌溉模式下的土壤水盐运移规律、作物生长过程及水分生产力,优化不同作物的灌溉制度,并对不同灌溉模式下的农田水土环境响应进行预测。因此,本书利用 SWAP 模型模拟石羊河流域咸水灌溉、咸水非充分灌溉条件下的土壤水盐动态变化,可为研究区优化制种玉米咸水灌溉利用模式和灌溉制度提供依据。

1.3 本书研究内容及技术路线

1.3.1 研究目标

以我国西北旱区水资源短缺及节水灌溉实施现状为背景,以深刻认识咸水灌溉、咸水非充分灌溉对农田土壤水盐环境影响为主线,通过田间试验和数值模拟相结合的研究手段,研究咸水灌溉、咸水非充分灌溉条件下土壤水盐动态规律和水盐平衡规律及对作物生长的影响,定量描述灌溉定额及灌水矿化度不同对农田土壤水分运动和盐分累积的影响过程,合理调控土壤水盐过程,为西北旱区合理利用地下咸水资源和制定制种玉米灌溉制度及农业可持续发展提供理论依据。

1.3.2 研究内容

1.3.2.1 咸水灌溉对土壤水盐动态及制种玉米生长的影响

通过开展制种玉米咸水灌溉试验,分析咸水灌溉对土壤水盐动态和制种玉米各项生长指标(如株高、叶面积指数、产量及其构成要素等)的影响,探讨不同咸水灌溉条件下制种玉米的水分利用效率。

1.3.2.2 咸水非充分灌溉对土壤水盐动态及制种玉米生长的影响

通过开展制种玉米咸水非充分灌溉试验,分析咸水非充分灌溉条件下土壤水盐分布规律及咸水非充分灌溉对制种玉米各项生长指标(如株高、叶面积指数、产量及其构成要素等)的影响,探讨咸水非充分灌溉条件下的制种玉米耗水规律及水分利用效率,构建水盐胁迫条件下制种玉米水盐生产函数和盐分胁迫条件下制种玉米根系吸水模型。

1.3.2.3 咸水灌溉条件下土壤水盐运动 SWAP 模型模拟

根据石羊河流域制种玉米咸水灌溉试验资料,对 SWAP 模型参数进行率定和验证,利用率定后的 SWAP 模型模拟制种玉米农田土壤(0~100 cm)水盐通量变化,分析制种玉米现状灌溉条件下的土壤水盐平衡状况。在此基础上,利用率定后的 SWAP 模型进行不同矿化度的咸水灌溉模拟与预测、咸淡水轮灌模式模拟与预测以及咸水非充分灌溉制度模拟与优化,探讨研究区较适宜的咸水灌溉利用模式和灌溉制度。

1.3.2.4 咸水非充分灌溉条件下土壤水盐运动 SWAP 模型模拟

根据石羊河流域制种玉米咸水非充分灌溉试验观测资料,对 SWAP 模型参数进行率定和验证。在此基础上,对制种玉米咸水非充分灌溉条件下土壤含水率、土壤含盐量、土壤剖面水分和盐分通量变化过程进行模拟和分析,模拟较长时期咸水非充分灌溉条件下土壤水盐分布和制种玉米产量,制定研究区适宜制种玉米生长的咸水非充分灌溉制度。

1.3.3 技术路线

以西北旱区的石羊河流域为典型研究区,通过田间试验研究和数值模拟相结合的研究手段,研究咸水灌溉、咸水非充分灌溉条件下农田土壤水盐动态规律和对制种玉米生长的影响,在田间试验的基础上,对 SWAP 模型进行了率定和验证,并应用率定后的 SWAP 模型模拟研究区咸水灌溉、咸水非充分灌溉条件下土壤水盐动态及水盐平衡规律和作物生长状况,优化制种玉米咸水灌溉利用模式和咸水非充分灌溉制度。其技术路线见图 1-1。

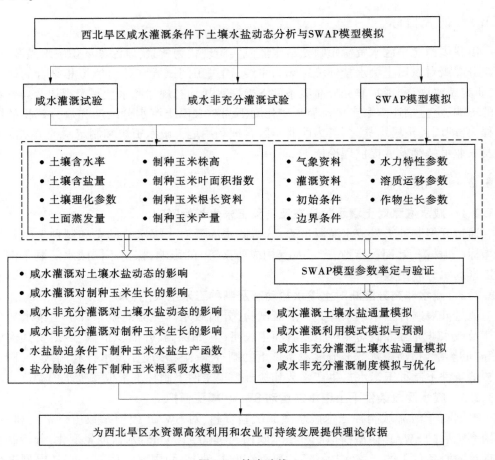

图 1-1　技术路线

第 2 章　研究区概况与研究方法

2.1　石羊河流域典型研究区概况

石羊河流域典型研究区位于中国农业大学石羊河流域农业与生态节水试验站。该试验站位于甘肃省武威市凉州区东河乡王景寨村境内(东经 102°52′、北纬 37°52′、海拔 1 581 m),处于石羊河流域中上游区域。该研究区为典型的干旱内陆荒漠区,光热资源丰富,全年日照时数达 3 028 h,年积温(>0 ℃)达 3 550 ℃以上,全年平均气温为 8.8 ℃,无霜期 150 d 以上。该研究区降雨稀少、蒸发强烈,通过对甘肃省武威市凉州区气象站 1956—2010 年的气象资料进行计算,得到该研究区多年平均降水量和蒸发量分别为 164.4 mm 与 2 000 mm。研究区地下水位埋深大于 25 m,地下水矿化度约为 0.71 g/L。该研究区主要种植春玉米、春小麦、制种玉米等作物。

2.2　咸水灌溉试验设计

2.2.1　试验布置

咸水灌溉试验于 2012 年 4 月至 2014 年 9 月在试验站内的测坑进行,试验站内拥有无底测坑 8 个,每个测坑面积为 6.66 m^2(3.33 m×2 m),深度为 3 m,测坑间通过水泥混凝土隔开。测坑内土壤平均容重为 1.48 g/cm^3,田间持水率为 0.30 cm^3/cm^3(体积含水率,下同),饱和含水率为 0.37 cm^3/cm^3。测坑内 0 ~ 100 cm 土层土壤的基本理化性质见表 2-1。

表 2-1　土壤基本理化性质

土层深度/cm	砂粒/%	粉粒/%	黏粒/%	容重/(g/cm^3)	有机质/(g/kg)	国际制土壤质地分类
0 ~ 20	61.03	28.43	10.54	1.47	11.76	沙壤土
20 ~ 40	58.33	30.45	11.22	1.48	7.12	沙壤土
40 ~ 100	53.11	34.14	12.75	1.51	5.48	壤土

试验以盐分为研究对象,共设置 4 种盐分水平,分别为 S0(矿化度为 0.71 g/L,淡水)、S3(矿化度为 3 g/L)、S6(矿化度为 6 g/L)、S9(矿化度为 9 g/L),分别代表石羊河流域上游、中游、下游及民勤湖区典型地区的地下水矿化度。共设置 4 个处理,受试验地条

件所限,每个处理 2 次重复,共 8 个小区,试验采用顺序排列方式布置(见图 2-1)。

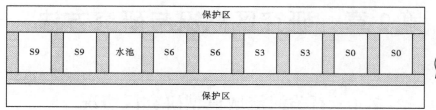

图 2-1　试验小区布置示意图

2.2.2　试验材料

试验所使用的淡水源于研究区地下水,通过水泵直接抽取。地下水主要包括 K^+、Na^+、Mg^{2+}、Ca^{2+}、HCO_3^-、Cl^-、SO_4^{2-}。前 2 种离子质量浓度之和均为 129.76 mg/L,后 5 种离子质量浓度依次为 31.9 mg/L、45.71 mg/L、41.19 mg/L、150.19 mg/L、296.22 mg/L。本试验灌溉用水根据当地地下水化学组成配置灌溉咸水,配置的咸水由采用质量比为 2:2:1 的 $NaCl$、$MgSO_4$ 和 $CaSO_4$ 溶液组成,各处理灌溉用水 pH 值呈中性。利用管道对试验地进行灌溉,试验站由干管供水到田间,再由支管分到每个测坑,每个支管安装水表,用来控制每次的灌溉水量。供试作物为当地制种玉米,品种为"金西北 22 号",制种玉米按父本和母本 1:7 的方式种植,种植密度为每个小区 56 株,玉米行距 35 cm,株距 25 cm,播种前需要对试验田地进行施肥,施肥量按氮肥 375 kg/hm²、磷肥 225 kg/hm²、钾肥 300 kg/hm² 的标准,其他农艺措施参照当地情况进行。

2.2.3　灌溉方案

根据制种玉米不同生育阶段,结合当地灌溉经验,设置灌溉制度(见表 2-2),分别在制种玉米拔节期、孕穗期、抽雄期、灌浆期及成熟期进行 5 次咸水灌溉,每年制种玉米播种日期、灌溉日期和收获日期见表 2-3。在每年试验之前进行一次春灌冲洗试验地,灌水定额为 150 mm。

表 2-2　各处理灌溉制度

| 处理 | 灌水矿化度/
(g/L) | 灌水定额/mm | | | | | 灌溉定额/
mm |
		拔节期	孕穗期	抽雄期	灌浆期	成熟期	
S0	0.71	120	120	105	105	105	555
S3	3.00	120	120	105	105	105	555
S6	6.00	120	120	105	105	105	555
S9	9.00	120	120	105	105	105	555

表 2-3　每年玉米播种日期、灌溉日期和收获日期

年份	播种日期	春灌	第 1 次灌溉	第 2 次灌溉	第 3 次灌溉	第 4 次灌溉	第 5 次灌溉	收获日期
2012	4 月 24 日	4 月 1 日	6 月 6 日	6 月 30 日	7 月 21 日	8 月 13 日	8 月 31 日	9 月 23 日
2013	4 月 20 日	4 月 5 日	6 月 5 日	6 月 30 日	7 月 20 日	8 月 10 日	8 月 29 日	9 月 13 日
2014	4 月 19 日	4 月 3 日	6 月 10 日	7 月 1 日	7 月 25 日	8 月 15 日	9 月 5 日	9 月 19 日

2.2.4　试验观测项目与方法

2.2.4.1　气象资料

气象数据由站内自动气象站(Weather Hawk, Campbell Scientific, USA)采集,包括温度、相对湿度、每天降水量、风速和太阳辐射等。

2.2.4.2　土壤水分

2012—2014 年试验期间分别在制种玉米播种前、收获后以及每次灌水前后通过土钻田间分层获取土样,每个取样点都分为 6 层取样,分别为 0~10 cm、10~20 cm、20~40 cm、40~60 cm、60~80 cm、80~100 cm 和 100~120 cm,每次取样完后回填钻孔并做标记,土壤含水率采用烘干法测定。

2.2.4.3　土壤盐分

田间分层获取土样时,预留部分土样,将土样风干,进行研磨和过 1 mm 筛后,采用 1:5 的土水比配制成土壤饱和浸提液,利用 SG-3 型电导率仪(SG3-ELK742, Mettler-Toledo International Inc., Switzerland)测定其电导率 $EC_{1:5}$,已有研究表明该试验地土壤含盐量与溶液电导率具有较好的相关性,由拟合公式 $S = 0.027\,5EC_{1:5} + 0.136\,6$ 可计算出土壤含盐量。

2.2.4.4　株高与叶面积指数

从出苗开始观测制种玉米生长发育性状,记录各生育阶段的起止日期。制种玉米株高和叶面积采用精度为 0.01 m 的钢卷尺测量,每隔 10~15 d 测定一次,每个小区选取 3 株有代表性的玉米植株进行测量,前期时间间隔稍短,后期稍长。叶面积指数采用估算法得到,估算公式为

$$S = K \times L \times B \tag{2-1}$$
$$LAI = S/A \tag{2-2}$$

式中:LAI 为叶面积指数,cm^2/cm^2;S 为叶面积,cm^2;K 为拟合系数,玉米取 0.75;L 为叶片的长度,cm;B 为叶片的宽度,cm;A 为植株叶片所占地面面积,cm^2。

2.2.4.5　考种与测产

收获后进行考种,每个处理随机取 6 个玉米穗测定穗长、穗粗;每个处理随机取 6 株玉米测定地上干物质重;从收获的玉米种子中每个处理随机取 3 组重复,每组重复 100 粒,各自称重,取其平均数计算百粒重;收获后对每个试验小区的所有玉米进行脱粒并晒

干,收集各试验小区所有籽粒称重作为小区产量,然后折算为 kg/hm²。

2.2.5　作物耗水量及水分利用效率计算公式

$$ET = P_0 + I - \Delta W - R - L + D \tag{2-3}$$

$$\Delta W = 10 \times rH(W_1 - W_0) \tag{2-4}$$

式中:ET 为生育期总耗水量,mm;P_0 为生育期内降水量,mm;I 为生育期内灌水量,mm;ΔW 为土壤水分变化量,mm;W_0、W_1 分别为计算初期和计算末期土壤质量含水率(%);R 为试验小区与外部区域的地面水分交换量,mm,本试验为测坑试验,取为 0;L 为土壤水分侧向交换量,mm,本试验为测坑试验,取为 0;H 为土壤水计算深度,cm,本试验取为 100 cm;r 为土壤容重;D 为 0~100 cm 土层与下层土壤层的水分交换量,mm,向下为负,向上为正,可通过达西定律进行计算。

根据达西定律计算 0~100 cm 土层与下层土壤层的水分交换量:

$$q = - K(\theta) \mathrm{grad} H \tag{2-5}$$

式中:q 为土壤水分交换量,mm/d;grad H 为水力梯度,可通过 80~120 cm 深度处土壤的水势差求得;θ 为 0~100 cm 土层底部的土壤体积含水率,cm³/cm³;$K(\theta)$ 为非饱和导水率,mm/d,采用下式计算:

$$K(\theta) = C(\theta)D(\theta) \tag{2-6}$$

式中:θ 为土壤体积含水率,cm³/cm³;$C(\theta)$ 为比水容量,cm⁻¹;$D(\theta)$ 为土壤水扩散率,cm²/min。$C(\theta)$ 通过实测的土壤水分特征曲线求得,用下式表示:

$$S = 5.394\,68 \times 10^5 \mathrm{e}^{-26.886\theta} \tag{2-7}$$

式中:S 为土壤吸力,cm 水柱;θ 为土壤体积含水率,cm³/cm³。

$$C(\theta) = 6.895 \times 10^{-8} \mathrm{e}^{26.886\theta} \tag{2-8}$$

$D(\theta)$ 采用水平土柱法测定,用下式表示:

$$D(\theta) = 0.000\,8\mathrm{e}^{21.275\theta} \tag{2-9}$$

制种玉米水分利用效率公式为

$$\mathrm{WUE} = \frac{Y}{\mathrm{ET}} \tag{2-10}$$

式中:WUE 为水分利用效率,kg/m³;Y 为制种玉米的产量,kg/hm²。

2.3　咸水非充分灌溉试验设计

2.3.1　试验布置

咸水非充分灌溉试验于 2012 年 4 月至 2013 年 9 月在试验站内的测坑进行,试验站内拥有有底测坑 18 个,每个测坑面积为 6.66 m²(3.33 m×2 m),深度为 3 m,在底板和回填土间有 20 cm 厚的砂石滤层,并设有排水通道,用以监测深层渗漏量,每个测坑之间由水泥混凝土隔开。测坑内土壤平均容重为 1.5 g/cm³,田间持水率为 0.30 cm³/cm³,饱和含水率为 0.37 cm³/cm³。测坑内 0~100 cm 土层土壤基本物理性质和化学性质见表 2-4、表 2-5。

表 2-4　土壤基本物理性质

土层深度/cm	各级颗粒含量百分数/%			土壤容重/（g/cm³）	国际制土壤质地分类
	砂粒	粉粒	黏粒		
0~20	59.46	28.58	11.96	1.48	沙壤土
20~40	58.33	29.47	11.21	1.50	沙壤土
40~120	43.35	42.63	14.02	1.52	黏壤土

表 2-5　土壤基本化学性质

土层深度/cm	全氮/（g/kg）	全磷/（g/kg）	全钾/（g/kg）	有机质/（g/kg）	CEC/（mmol/kg）	pH
0~20	0.288	0.433	20.9	2.60	249	8.85
20~40	0.258	0.495	20.0	2.64	228	8.90
40~120	0.418	0.563	19.8	5.69	238	8.50

　　试验考虑水分和盐分两种因素,设置 3 种灌溉水矿化度水平,分别为 s1(淡水灌溉,灌溉水矿化度为 0.71 g/L)、s2(灌溉水矿化度为 3.00 g/L)、s3(灌溉水矿化度为 6.00 g/L)。其中,0.71 g/L、3.00 g/L、6.00 g/L 代表石羊河流域上游、中游、下游典型地区的地下水矿化度。试验采用裂区排列方式布置,共设 9 个处理,分别为 w1s1(对照)、w1s2、w1s3、w2s1、w2s2、w2s3、w3s1、w3s2 和 w3s3,受试验地条件所限,每个处理重复 2 次,共设置 18 个试验小区,每个测坑为一个小区,试验采用裂区排列方式布置(见图 2-2)。

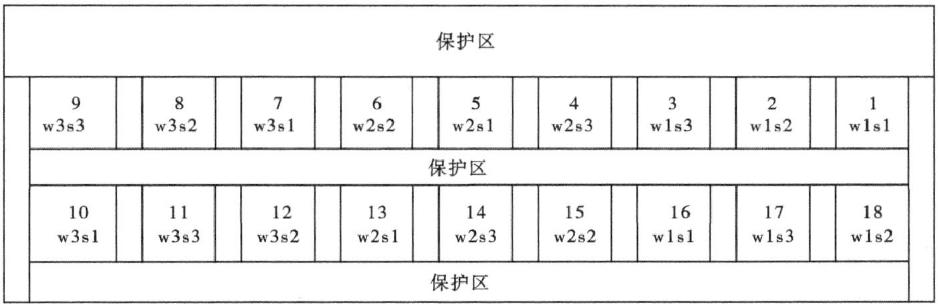

保护区								
9 w3s3	8 w3s2	7 w3s1	6 w2s2	5 w2s1	4 w2s3	3 w1s3	2 w1s2	1 w1s1
保护区								
10 w3s1	11 w3s3	12 w3s2	13 w2s1	14 w2s3	15 w2s2	16 w1s1	17 w1s3	18 w1s2
保护区								

图 2-2　试验小区布置示意图

2.3.2　试验材料

　　2012 年供试作物为当地制种玉米(金西北 22 号),于 2012 年 4 月 24 日播种,9 月 23 日收获,全生育期 152 d;2013 年供试作物为当地制种玉米(富农 340 号),于 2013 年 4 月 20 日播种,9 月 13 日收获,全生育期 146 d。在播种前需要对田地进行施肥,施肥量按磷酸二铵 600 kg/hm²、尿素 300 kg/hm²、钾肥 225 kg/hm² 的标准,喷洒除草剂,覆膜种植,制种玉米按 1 行父本、7 行母本的比例方式种植,每个小区种植母本玉米 49 株,父本玉米 7 株。作物生育阶段划分为播种期—出苗期—拔节期—孕穗期—抽雄期—吐丝期—灌浆期—成熟期,根据当地种植方式和以前试验资料,确定于拔节期—孕穗期、孕穗期—抽雄期、抽雄期—灌浆期、灌浆期—成熟期进行 5 次灌水;试验灌溉用水根据当地地下水化学组成,采用质量比为 2:2:1 的 NaCl、$MgSO_4$ 和 $CaSO_4$ 混合地下水配制而成。记录试验过程中灌水时间、历时、除草以及施肥情况。

2.3.3 灌溉方案

根据制种玉米不同生育阶段,结合当地灌溉经验,设置灌溉制度(见表 2-6、表 2-7)。2013 年各处理灌溉定额比 2012 年均减少,是根据 2012 年制种玉米生育期内实际灌水情况,对灌溉定额作了相应的调整。2012 年 5 次灌水时间分别为 6 月 6 日、6 月 30 日、7 月 21 日、8 月 13 日、8 月 31 日;2013 年 5 次灌水时间分别为 6 月 5 日、6 月 30 日、7 月 20 日、8 月 10 日、8 月 29 日。

表 2-6 2012 年试验灌水方案

处理	灌水矿化度/(g/L)	灌水定额/mm					灌溉定额/mm
		6 月 6 日	6 月 30 日	7 月 21 日	8 月 13 日	8 月 31 日	
w1s1	0.71	120	120	120	120	105	585
w1s2	3.00	120	120	120	120	105	585
w1s3	6.00	120	120	120	120	105	585
w2s1	0.71	80	80	80	80	70	390
w2s2	3.00	80	80	80	80	70	390
w2s3	6.00	80	80	80	80	70	390
w3s1	0.71	60	60	60	60	52.5	292.5
w3s2	3.00	60	60	60	60	52.5	292.5
w3s3	6.00	60	60	60	60	52.5	292.5

表 2-7 2013 年试验灌水方案

处理	灌水矿化度/(g/L)	灌水定额/mm					灌溉定额/mm
		6 月 5 日	6 月 30 日	7 月 20 日	8 月 10 日	8 月 29 日	
w1s1	0.71	120	120	105	105	105	555
w1s2	3.00	120	120	105	105	105	555

续表 2-7

处理	灌水矿化度/（g/L）	灌水定额/mm					灌溉定额/mm
		6月5日	6月30日	7月20日	8月10日	8月29日	
w1s3	6.00	120	120	105	105	105	555
w2s1	0.71	80	80	70	70	70	370
w2s2	3.00	80	80	70	70	70	370
w2s3	6.00	80	80	70	70	70	370
w3s1	0.71	60	60	52.5	52.5	52.5	277.5
w3s2	3.00	60	60	52.5	52.5	52.5	277.5
w3s3	6.00	60	60	52.5	52.5	52.5	277.5

2.3.4　试验观测项目与方法

2.3.4.1　土壤水分

分别在制种玉米播种前、收获后以及每次灌水前后进行田间分层获取土样,取土深度分别为 0~10 cm、10~20 cm、20~40 cm、40~60 cm、60~80 cm、80~100 cm 和 100~120 cm,每次取后回填钻孔并做标记,土壤含水率采用取土烘干法测定。

2.3.4.2　土壤盐分

田间分层获取土样时,预留部分土样,将土样风干、粉碎、过 1 mm 筛后,采用 1:5 的土水比配制成土壤浸提液,利用 SG-3 型电导率仪测定其电导率 $EC_{1:5}$,已有研究表明该试验地土壤含盐量与溶液电导率具有较好的相关性,由拟合公式 $S = 0.027\ 5EC_{1:5} + 0.136\ 6$ 可计算出土壤含盐量。

2.3.4.3　株高及叶面积指数

制种玉米出苗后每隔 10~15 d 利用钢卷尺测量制种玉米的株高和叶片的长(L)与宽(B),并采用估算公式得到叶面积指数,每个小区取 3 次重复。

2.3.4.4　根长密度

采用根钻法获取制种玉米根长密度的分布,仅对 w1s1 和 w1s2 处理取根,在研究制种玉米根系吸水时段 1(2013 年 6 月 23—29 日)和时段 2(2013 年 7 月 12—19 日)取根。根钻口径为 8 cm,高 20 cm。取根时,采用"十"字法取根,按 20 cm 的间距分别往下钻取土样,取至 60 cm,其中 0~60 cm 为制种玉米主根系层。然后冲洗挑根,将根系分层平铺在玻璃皿中,经过根系扫描仪扫描成图片后,采用 WinRHZO 根系分析软件进行分析,从而获得各处理根长密度的分布资料。

2.3.4.5　土面蒸发量

土面蒸发量利用自制 Microlysimeter(MLS)直接测定计算,仅在研究制种玉米根系吸水时段 1(2013 年 6 月 23—29 日)和时段 2(2013 年 7 月 12—19 日)在 w1s1 和 w1s2 处理埋设 MLS,每个处理 3 次重复。MLS 由 PVC 材料制成,呈圆柱状,内径 10 cm,高 20 cm,下端采用不封底的形式,每天 08:00 对 MLS 进行称重,相邻两天的重量之差即为前一天的土壤蒸发量。

2.3.4.6　考种和产量

(1)穗长:用米尺直接测量果穗基部至穗顶的长度,每个小区 6 个重复。

(2)穗粗:用游标卡尺直接测量玉米穗最粗处的直径,每个小区 6 个重复。

(3)百粒重:从收获的玉米种子中每个处理取 4 个重复,每个重复 100 粒,称量百粒重。

(4)干物质:收获时,将玉米植株从地表处砍断,对作物茎秆和果实分开称重,将地上部分(包括茎、叶、果穗)在 105 ℃下杀青 2 h,然后在 80 ℃下烘 48 h 得到干物质重量,每个处理 5 个重复。

(5)产量:每个处理取 20 株玉米,玉米收获脱粒后的籽粒风干称重,然后折算成一个小区 49 株玉米的产量,根据小区面积换算成 kg/hm²。

第3章 咸水灌溉对土壤水盐动态及制种玉米生长的影响

　　甘肃省石羊河流域中下游地区由于长期使用地下咸水进行农田灌溉,对流域生态环境和农作物的生长产生了严重影响,灌溉农业的发展面临巨大的挑战。对含盐土壤继续采用大水冲洗压盐的方式,以维持土壤耕作层盐分平衡已不能适应以节水为中心的现代化农业的要求。制种玉米是河西走廊主要的经济作物,它种植面积大,生育期长,而且是农业生产中的用水大户,由于当地降水量少,农业生产几乎依赖地下水灌溉。因此,在农业可持续发展和建立节水型社会的前提下,在西北干旱区开展咸水灌溉条件下土壤水盐动态及对制种玉米生长的影响研究,对科学合理利用地下水资源、缓和水资源短缺矛盾和实现水资源高效利用具有重要的意义。

3.1 咸水灌溉对土壤水盐动态的影响

3.1.1 咸水灌溉对土壤水分分布的影响

　　农田土壤水分分布主要受到灌溉、降雨、作物根系吸水以及土壤性质等多种因素的影响。由于各处理均为充分灌溉,该地区降水量较小,因此土壤水分主要受到作物根系吸水和土壤性质的影响。将土层分为3部分:0~20 cm为表层土壤,20~60 cm为根系吸水层土壤,60~100 cm为深层土壤。图3-1为2012年和2013年咸水灌溉试验不同处理下土壤水分分布规律。箭头代表5次灌水的时间。

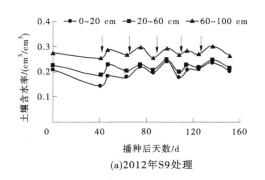
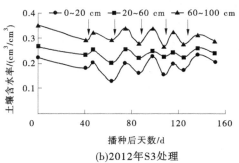

(a)2012年S9处理　　　　　　　　(b)2012年S3处理

图3-1 不同处理土壤剖面水分分布规律

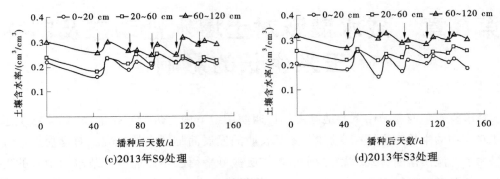

(c)2013年S9处理　　　　　　　　　(d)2013年S3处理

续图 3-1

从图 3-1 可以看出,相同灌水矿化度处理土壤水分分布具有明显的分层现象,表层含水率较低,深层含水率较高,根系吸水层土壤含水率变化较明显,两年试验各处理土壤水分分布规律基本一致。不同灌水矿化度处理土壤水分分布差异显著,以 9 g/L 处理、3 g/L 处理为例,两年咸水灌溉试验均表现出 9 g/L 处理的表层土壤含水率比 3 g/L 处理的土壤含水率高,而 9 g/L 处理的根系吸水层和深层土壤含水率比 3 g/L 处理的土壤含水率要低,这主要是因为高灌水矿化度处理盐分胁迫严重,阻碍作物根系吸水,导致较多的水分残留在土壤中,在土壤蒸发作用下,深层土壤水分向上运移,致使表层土壤含水率较高,同时高灌水矿化度处理会使土壤盐分尤其是钠离子增加,土壤理化性质发生改变,从而影响土壤水分分布规律。两年咸水灌溉试验中,9 g/L 处理与 6 g/L 处理之间土壤水分分布也具有类似的规律。因此,不同灌水矿化度条件下,高灌水矿化度处理会影响土壤水分分布规律,使土壤水分自下往上运移,且这种规律会随着咸水灌溉使用时间的增长而越明显。

3.1.2　咸水灌溉对土壤盐分分布的影响

　　咸水灌溉后土壤盐分分布主要受到灌溉、降雨、灌水矿化度、土壤性质以及作物根系吸水等因素的影响。图 3-2~图 3-4 为 2012—2014 年咸水灌溉各处理的土壤剖面盐分分布规律。由图 3-2~图 3-4 可以看出,各处理土壤盐分分布具有一定的规律性。未灌水前,各土层土壤盐分相对稳定;随着制种玉米生育期内多次咸水灌溉,各土层土壤盐分分布发生了较大变化,生育期后期,停止灌水后,土壤盐分分布又达到一个稳定状态。3 年咸水灌溉试验 S9 处理、S6 处理和 S3 处理制种玉米生育期内土壤盐分具有明显的分层现象,表层土壤含盐量较低,深层土壤含盐量较高,中层土壤含盐量变化较明显,而 S0 处理各土层土壤含盐量变化较小,基本维持在 0.5~1.0 g/kg。S9 处理、S6 处理和 S3 处理在不同土层土壤含盐量均高于淡水灌溉处理,且随着灌水矿化度的增加而增大,在表层土壤和中层土壤基本表现出 S9 处理>S6 处理>S3 处理>S0 处理的变化趋势,而在深层土壤 S9 处理和 S6 处理土壤含盐量差异性不明显。

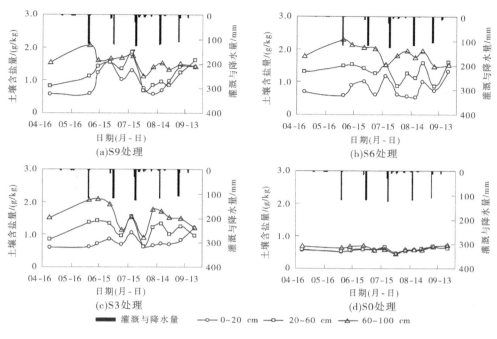

图 3-2　2012 年不同处理土壤剖面盐分分布规律

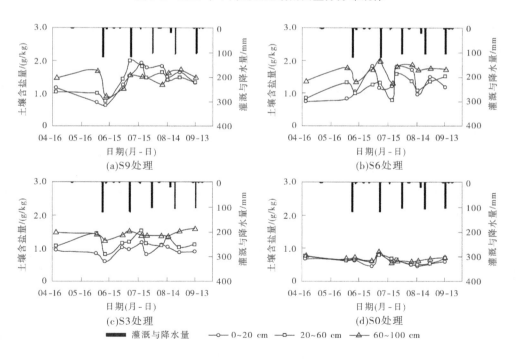

图 3-3　2013 年不同处理土壤剖面盐分分布规律

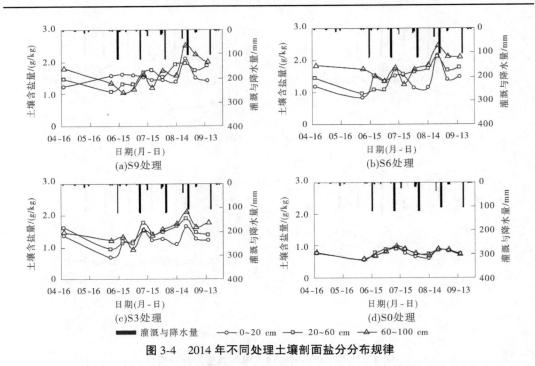

图 3-4　2014 年不同处理土壤剖面盐分分布规律

　　表 3-1 为 2012 年、2013 年和 2014 年制种玉米收获后与试验前相比各处理土壤剖面盐分累积变化量。正值表示积盐,负值表示脱盐。由表 3-1 可知,随着咸水灌溉时间的增长,S9 处理、S6 处理和 S3 处理不同土层土壤盐分累积量呈现逐渐增加的趋势,S9 处理在 2012 年表层土壤、中层土壤和深层土壤盐分累积量为 1.219 mg/cm³、1.194 mg/cm³ 和 −0.204 mg/cm³,在 2014 年相同土层土壤盐分累积量分别为 1.242 mg/cm³、1.567 mg/cm³ 和 0.650 mg/cm³;S6 处理在 2012 年表层土壤、中层土壤和深层土壤盐分累积量为 0.914 mg/cm³、0.404 mg/cm³ 和 −0.411 mg/cm³,在 2014 年相同土层土壤盐分累积量分别增加了 0.298 mg/cm³、0.309 mg/cm³ 和 0.885 mg/cm³;S3 处理在 2012 年表层土壤、中层土壤和深层土壤盐分累积量分别为 0.884 mg/cm³、0.158 mg/cm³ 和 −0.484 mg/cm³,在 2014 年相同土层土壤盐分累积量分别增加了 0.029 mg/cm³、0.644 mg/cm³ 和 0.861 mg/cm³。S0 处理 3 年时间在表层土壤、中层土壤和深层土壤盐分累积量均在 0.3 mg/cm³ 以下。在同一年份,表层土壤、中层土壤和深层土壤随着灌溉水矿化度的增加,其土壤盐分累积量随之增大,以 2014 年为例,S9 处理、S6 处理和 S3 处理表层土壤盐分累积量分别为 1.242 mg/cm³、1.212 mg/cm³ 和 0.913 mg/cm³,中层土壤盐分累积量分别为 1.567 mg/cm³、0.713 mg/cm³ 和 0.802 mg/cm³,深层土壤盐分累积量分别为 0.650 mg/cm³、0.474 mg/cm³ 和 0.377 mg/cm³。在不同土层,各咸水灌溉处理土壤盐分主要累积在表层土壤和中层土壤,以 S6 处理为例,2012 年表层土壤和中层土壤盐分累积量分别为 0.914 mg/cm³ 和 0.404 mg/cm³,深层土壤盐分累积量为 −0.411 mg/cm³,2014 年表层土壤和中层土壤盐分累积量分别为 1.212 mg/cm³ 和 0.713 mg/cm³,深层土壤盐分累积量为 0.474 mg/cm³,说明在作物生育末期停止灌水后,土壤盐分在土面蒸发和作物根系吸水的作用下,土壤盐分主要累积在表层土壤和中层土壤。

表 3-1　不同处理土壤剖面盐分累积量

处理	土层深度/mm	试验前初始土壤盐分/(g/kg)	2012 年		2013 年		2014 年	
			收获后土壤盐分/(g/kg)	盐分累积量/(mg/cm³)	收获后土壤盐分/(g/kg)	盐分累积量/(mg/cm³)	收获后土壤盐分/(g/kg)	盐分累积量/(mg/cm³)
S9	0~20	0.576	1.399	1.219	1.307	1.082	1.415	1.242
	20~60	0.809	1.616	1.194	1.319	0.755	1.868	1.567
	60~100	1.551	1.413	−0.204	1.484	−0.099	1.990	0.650
S6	0~20	0.676	1.294	0.914	1.191	0.762	1.495	1.212
	20~60	1.304	1.577	0.404	1.519	0.317	1.786	0.713
	60~100	1.788	1.510	−0.411	1.765	−0.035	2.108	0.474
S3	0~20	0.611	1.208	0.884	0.915	0.450	1.228	0.913
	20~60	0.861	0.968	0.158	1.105	0.361	1.403	0.802
	60~100	1.538	1.211	−0.484	1.616	0.115	1.793	0.377
S0	0~20	0.578	0.620	0.062	0.582	0.006	0.705	0.188
	20~60	0.576	0.611	0.052	0.680	0.154	0.770	0.287
	60~100	0.682	0.710	0.041	0.721	0.058	0.744	0.092

图 3-5 为 2012—2014 年咸水灌溉试验各处理 0~100 cm 土壤含盐量的变化规律。由图 3-5 可以看出,在同一年份,随着制种玉米生育期的推进,灌溉次数的增多,各处理土壤含盐量呈增长的趋势,且灌水矿化度越高,土壤含盐量增加的速度越快,以 2014 年为例,S9 处理、S6 处理和 S3 处理收获后与播种前相比分别增加了 0.269 g/kg、0.293 g/kg 和 0.002 g/kg。2012—2014 年咸水灌溉试验,S9 处理、S6 处理和 S3 处理 0~100 cm 土壤含盐量均高于淡水灌溉处理,S9 处理和 S6 处理土壤含盐量明显高于 S3 处理,而 S9 处理和 S6 处理土壤含盐量差异性不明显。

表 3-2 为 2012—2014 年咸水灌溉试验制种玉米收获后与试验前相比各处理 0~100 cm 土壤盐分累积量。由表 3-2 可知,随着咸水使用时间的增长,各处理土壤盐分累积量基本呈现增加的趋势,S9 处理、S6 处理和 S3 处理 2012 年土壤盐分累积量分别为 0.640 mg/cm³、0.180 mg/cm³ 和 0.046 mg/cm³,2013 年土壤盐分累积量与 2012 年相比分别增加了 −0.161 mg/cm³、0.086 mg/cm³ 和 0.235 mg/cm³,2014 年土壤盐分累积量与 2013 年相比分别增加了 0.656 mg/cm³、0.451 mg/cm³ 和 0.373 mg/cm³。2012—2014 年试验 S0 处理土壤盐分累积量较小,分别为 0.050 mg/cm³、0.086 mg/cm³ 和 0.189 mg/cm³。由此可见,长时期用矿化度

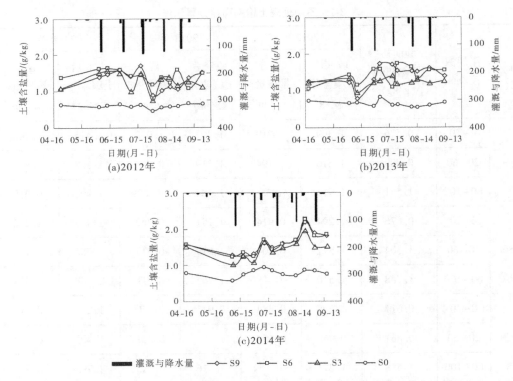

图 3-5　不同处理 0～100 cm 土壤含盐量动态变化

为 9 g/L 和 6 g/L 的咸水进行灌溉,0～100 cm 土壤盐分累积量比较接近,说明长时期采用高矿化度的咸水进行灌溉,盐分会在土壤大量累积,因此在研究区不宜采用 6.00 g/L 与 9.00 g/L 的咸水进行灌溉;用矿化度为 3.00 g/L 的微咸水进行灌溉,随着使用微咸水年限的增长,土壤盐分累积量会逐渐增加,但土壤盐分累积程度是否会对土壤环境效应产生严重影响,尚需要进一步的深入研究,在研究区短时期采用 3.00 g/L 的微咸水进行灌溉,配合每年作物播种前进行春灌洗盐,盐分不会在土壤产生大量累积。

表 3-2　不同处理 0～100 cm 土壤盐分累积量

处理	试验前初始土壤盐分/(g/kg)	2012 年		2013 年		2014 年	
		收获后土壤盐分/(g/kg)	盐分累积量/(mg/cm³)	收获后土壤盐分/(g/kg)	盐分累积量/(mg/cm³)	收获后土壤盐分/(g/kg)	盐分累积量/(mg/cm³)
S9	1.059	1.491	0.640	1.383	0.479	1.826	1.135
S6	1.372	1.494	0.180	1.551	0.266	1.857	0.717
S3	1.082	1.113	0.046	1.271	0.281	1.524	0.654
S0	0.619	0.652	0.050	0.677	0.086	0.747	0.189

3.2　咸水灌溉对制种玉米生长的影响

3.2.1　咸水灌溉对制种玉米株高及叶面积指数的影响

图 3-6 为 2012—2014 年试验各处理制种玉米株高和叶面积指数(LAI)的变化规律。制种玉米生育期内株高变化明显,制种玉米孕穗期前,植株生长迅速,株高增加得较快,孕穗期后株高基本维持不变。咸水灌溉处理对制种玉米株高的影响主要体现在拔节期以后,生育末期,2012 年 S3 处理、S6 处理和 S9 处理株高分别比 S0 处理株高降低了 3.22%、5.00% 和 11.45%,2013 年 S3 处理、S6 处理和 S9 处理株高分别比 S0 处理株高降低了 5.42%、12.23% 和 19.97%,2014 年 S3 处理、S6 处理和 S9 处理株高分别比 S0 处理株高降低了 2.92%、7.19% 和 12.10%,由此可见,随着灌水矿化度的增加,对制种玉米株高的影响越来越大。2012 年和 2014 年各咸水灌溉处理对株高的影响与 2013 年相比更小,主要是因为 2012 年和 2014 年是丰水年,降水量较大,降水量会淋洗土壤盐分,减弱咸水灌溉对株高的影响。不同灌水矿化度处理制种玉米 LAI 具有与株高类似的变化规律。生育末期,2012 年 S3 处理、S6 处理和 S9 处理 LAI 分别比 S0 处理降低了 4.95%、9.87% 和 18.12%,2013 年相同对比情况下分别降低了 17.60%、39.84% 和 48.38%,2014 年相同对比情况下分别降低了 13.11%、19.30% 和 27.00%。由此可见,咸水灌溉会降低作物的株高和 LAI,且灌水矿化度越大对作物生长的影响越明显,若长时期采用高矿化度的咸水进行灌溉,会严重抑制作物的生长。

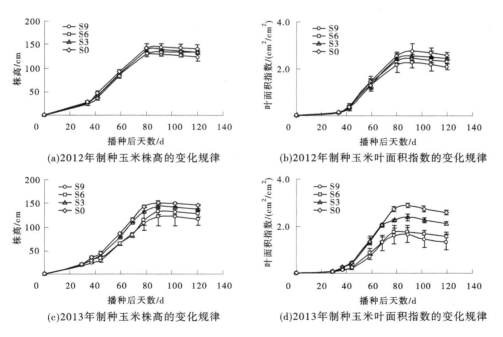

(a)2012年制种玉米株高的变化规律

(b)2012年制种玉米叶面积指数的变化规律

(c)2013年制种玉米株高的变化规律

(d)2013年制种玉米叶面积指数的变化规律

图 3-6　制种玉米株高和叶面积指数的变化规律

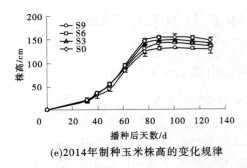

(e)2014年制种玉米株高的变化规律

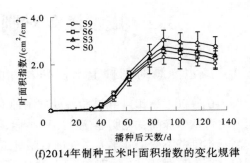

(f)2014年制种玉米叶面积指数的变化规律

续图 3-6

3.2.2 咸水灌溉对制种玉米产量的影响

表 3-3 为 2012—2014 年不同处理制种玉米产量及其构成因素。2012 年, S0 处理制种玉米产量最大值为 6 303.36 kg/hm², S3 处理、S6 处理和 S9 处理分别比 S0 处理减产了 17.39%、25.65% 和 35.33%; 在 2013 年 S0 处理制种玉米产量最大值为 5 838.60 kg/hm², S3 处理、S6 处理和 S9 处理分别比 S0 处理减产了 19.65%、29.53% 和 33.63%; 2014 年, S0 处理制种玉米产量最大值为 6 019.07 kg/hm², S3 处理、S6 处理和 S9 处理分别比 S0 处理减产了 18.19%、29.08% 和 32.76%。咸水灌溉对制种玉米的穗长、穗粗、百粒重和干物质重的影响具有与产量类似的规律。由此可见, 随着灌水矿化度的增大, 制种玉米减产幅度逐渐增加, 3 年连续采用矿化度为 6.00 g/L 和 9.00 g/L 的咸水对制种玉米进行咸水灌溉, 产量减产幅度在 25% 以上, 而采用 3.00 g/L 的微咸水情况下制种玉米减产幅度在 20% 以下。因此, 在研究区短时期采用 3.00 g/L 的微咸水进行灌溉不会造成制种玉米大幅度的减产。对 3 年制种玉米产量及其构成因素进行方差分析, 并对各处理进行 LSD 检验 ($P<0.05$)。结果表明, 2012 年土壤盐分对百粒重和产量影响显著, 2013 年土壤盐分对穗长、干物质重和产量影响显著, 2014 年土壤盐分对穗粗和百粒重影响显著, 其余均不显著。

表 3-3　制种玉米产量及其构成因素

年份	处理	穗长/cm	穗粗/cm	百粒重/g	干物质重/g	产量/(kg/hm²)
2012	S9	127.76 (±7.42)a	37.83 (±4.11)a	28.10 (±0.37)a	128.78 (±35.53)a	4 076.22 (±271.22)a
	S6	136.41 (±13.50)ac	39.28 (±2.12)ab	32.23 (±0.34)b	143.39 (±12.36)a	4 686.73 (±351.10)b
	S3	151.59 (±3.09)bc	42.63 (±2.38)b	33.00 (±0.56)c	174.52 (±51.67)a	5 207.4 (±254.05)c
	S0	166.26 (±10.81)b	43.19 (±1.67)b	35.60 (±1.10)d	196.28 (±52.16)a	6 303.36 (±180.77)d

续表 3-3

年份	处理	穗长/cm	穗粗/cm	百粒重/g	干物质重/g	产量/(kg/hm²)
2013	S9	121.59 (±3.84)a	35.53 (±3.87)a	29.45 (±1.85)a	115.23 (±3.01)a	3 875.15 (±27.28)a
	S6	134.03 (±3.64)b	39.77 (±1.09)a	31.05 (±1.89)a	134.25 (±10.76)b	4 114.35 (±77.32)b
	S3	148.15 (±0.61)c	42.19 (±0.77)a	32.66 (±1.83)ab	185.37 (±3.07)c	4 691.10 (±81.67)c
	S0	159.52 (±2.84)d	46.26 (±0.51)b	35.83 (±1.16)b	193.21 (±11.68)d	5 838.60 (±415.02)d
2014	S9	132.26 (±9.36)a	35.48 (±1.09)a	27.84 (±1.25)a	131.55 (±9.75)a	4 047.10 (±436.50)a
	S6	138.49 (±7.80)b	37.63 (±1.61)b	31.34 (±0.49)b	149.40 (±13.05)a	4 268.80 (±85.39)a
	S3	153.17 (±5.76)bc	39.12 (±1.68)c	33.76 (±1.21)c	175.68 (±28.85)b	4 924.24 (±579.07)a
	S0	169.54 (±7.23)c	42.36 (±0.47)d	35.98 (±0.67)d	204.09 (±32.34)bc	6 019.07 (±727.84)b

注:相同字母表示在 $P<0.05$ 水平上不显著。

3.2.3　咸水灌溉对制种玉米水分利用效率的影响

表 3-4 为 2012—2014 年各处理制种玉米的水分利用效率。由表 3-4 可知,不同灌水矿化度处理对制种玉米的总耗水量影响不明显,但对制种玉米的水分利用效率影响明显。随着灌水矿化度的增加,制种玉米的水分利用效率逐渐减小。2012 年,淡水灌溉 S0 处理的水分利用效率最大为 1.02 kg/m³,S3 处理、S6 处理和 S9 处理分别比 S0 处理降低了 17.19%、19.89% 和 24.98%;2013 年,淡水灌溉 S0 处理的水分利用效率最大为 1.03 kg/m³,S3 处理、S6 处理和 S9 处理分别比 S0 处理降低了 14.80%、25.00% 和 28.66%;2014 年,淡水灌溉 S0 处理的水分利用效率最大为 1.00 kg/m³,S3 处理、S6 处理和 S9 处理分别比 S0 处理降低了 16.36%、24.11% 和 31.53%。随着咸水灌溉使用年限的增长,S6 处理和 S9 处理制种玉米的水分利用效率逐渐减小,2012 年 S6 处理和 S9 处理水分利用效率分别为 0.82 kg/m³ 和 0.76 kg/m³,至 2014 年水分利用效率分别减少到 0.76 kg/m³ 和 0.68 kg/m³;S3 处理的水分利用效率变化不大,2012 年的水分利用效率为 0.84 kg/m³,2014 年略微减少到 0.83 kg/m³;S0 处理的水分利用效率整体变化不明显,维持在 1.00 kg/m³。由此可见,灌水采用矿化度低于 3.00 g/L 的微咸水短时期进行灌溉,在每年播种前对制种玉米进行春灌洗盐的前提下,对制种玉米的水分利用效率影响较小。

表 3-4 制种玉米水分利用效率

处理	灌水量/mm	降水量/mm			土壤水分变化量/mm			0~100 cm 底部水分交换量/mm			耗水量/mm			水分利用效率/(kg/m³)		
		2012年	2013年	2014年	2012年	2013年	2014年	2012年	2013年	2014年	2012年	2013年	2014年	2012年	2013年	2014年
S9	555	109.7	51.2	141.2	38.3	-5.6	-3.3	-93.4	-82.5	-106.1	533.0	529.3	593.4	0.76	0.73	0.68
S6	555	109.7	51.2	141.2	5.1	-7.2	29.1	-85.7	-78.6	-102.4	573.9	534.8	564.7	0.82	0.77	0.76
S3	555	109.7	51.2	141.2	-22.9	8.2	6.9	-70.8	-61.4	-98.2	616.8	536.6	591.1	0.84	0.88	0.83
s0	555	109.7	51.2	141.2	-17.8	-17.2	-1.4	-64.2	-54.5	-93.3	618.3	564.9	604.3	1.02	1.03	1.00

3.3 本章小结

通过在石羊河流域开展为期 3 年的咸水灌溉田间试验,研究了咸水灌溉对土壤水盐动态、制种玉米生长及水分利用效率的影响,主要结论如下:

(1)咸水灌溉条件下,相同灌水矿化度处理,土壤水分分布规律基本一致,均表现出明显的分层现象;不同灌水矿化度处理,高矿化度处理会改变土壤水分分布,使土壤水分呈现出自下往上运移的规律,且这种规律随着咸水灌溉使用时间的增长而越明显。

(2)咸水灌溉后土壤盐分在土壤中具有明显的分层现象,表层土壤含盐量较低,深层土壤含盐量较高,中层土壤含盐量变化较明显。咸水灌溉后土壤盐分会在土壤中产生累积,且随着灌水矿化度的增大和咸水使用时间的增长,土壤盐分累积量会逐渐增大。3 年咸水灌溉试验后与试验前相比,S0 处理、S3 处理、S6 处理和 S9 处理 0~100 cm 土壤盐分累积量分别为 0.189 mg/cm³、0.654 mg/cm³、0.717 mg/cm³ 和 1.135 mg/cm³。

(3)咸水灌溉后土壤中盐分逐渐累积和土壤物理性质的改变,会抑制作物生长和产量。随着灌水矿化度的增大,制种玉米的株高、叶面积指数和产量及构成因素逐渐降低。3 年咸水灌溉试验中采用矿化度为 6.00 g/L 和 9.00 g/L 的咸水对制种玉米进行灌溉时,产量减产幅度在 25% 以上,且水分利用效率逐年降低,而采用矿化度为 3.00 g/L 的微咸水情况下制种玉米减产幅度在 20% 以下,且对水分利用效率的影响较小。

因此,在研究区不宜采用矿化度为 6.00 g/L 与 9.00 g/L 的咸水进行灌溉。采用矿化度为 3.00 g/L 的微咸水进行灌溉,随着使用微咸水年限的增长,土壤盐分累积量会逐渐增加,但土壤盐分累积程度是否会对土壤环境效应以及作物产量产生严重影响,尚需要进一步的深入研究,在研究区短时期采用矿化度为 3.00 g/L 的微咸水进行灌溉,配合每年作物播种前进行春灌洗盐,可以用于生产实践。

第4章　咸水非充分灌溉对土壤水盐动态及制种玉米生长的影响

石羊河流域气候干旱少雨,地表水资源短缺,地下水是主要的灌溉水源。然而由于地下水的过度开发利用,地下水质恶化,特别是在下游地区,地下水矿化度持续升高。水资源的短缺及地下水质的恶化使咸水灌溉和非充分灌溉逐渐成为该地区的重要灌溉模式。咸水灌溉会造成不同程度的盐分积累,灌溉带入的盐分在土壤剖面中长期以积累为主。非充分灌溉将使农田水量平衡关系和土壤盐分积累特征发生改变,并且水盐胁迫的同时存在也使作物生长和耗水规律与单独的非充分灌溉或者咸水灌溉有所不同。

4.1　咸水非充分灌溉对土壤水盐动态的影响

4.1.1　咸水非充分灌溉对土壤水分分布的影响

4.1.1.1　土壤剖面含水率

图4-1和图4-2分别为制种玉米2012年和2013年生育期内各处理土壤剖面水分分布图。其中,0~20 cm为表层土壤,20~60 cm为根系吸水层土壤,60~120 cm为深层土壤。箭头代表灌水的时间。从图4-1、图4-2中可以看出,各处理水分分布具有明显的分层现象,表层含水率较低,下层含水率较高。土壤剖面含水率的分布主要受到灌溉水量、作物根系吸水和土壤质地的影响。灌水量相同时,不同盐分处理之间的土壤剖面水分分布基本一致,灌水矿化度对土壤剖面含水率分布的影响不明显;灌水量不同时,非充分灌溉各处理土壤含水率比充分灌溉处理明显偏低。

2012年该地区是丰水年份,生育期内降水量较多,达130 mm,与往年相比偏多,试验受降雨的影响较大,所以w1和w2各土层之间的含水率相差不大,w3各土层的含水率与w1和w2相比略低。各处理土壤含水率差异主要表现在抽穗期和灌浆期两个生育期内,这两个生育期刚好也是7月、8月两个月份,天气炎热干燥,土壤蒸发量大,而且该地区降雨也主要集中在这两个月,所以土壤含水率变化比较大。第二次灌水后至第三次灌水前,制种玉米正处于抽穗期,植株生长迅速,需水旺盛,蒸腾量大幅增加,天气炎热,土面蒸发强烈,由于玉米根系吸水的作用,各处理均表现出深层土壤的水分往根系吸水层运移,并且淡水灌溉处理深层土壤的水分比咸水灌溉处理下降得更大,这也说明了咸水灌溉对作物根系吸水有一定的抑制作用。第三次灌水后,作物进入抽雄期,此时作物以生殖生长为中心,营养生长基本停止,叶面积增长缓慢,株高基本不变,蒸腾作用减弱,由于灌溉和降雨的作用,各处理土壤水分恢复到较高的水分,并且随着生育期的继续推进,各处理土层水分变化规律基本不变,到生育期末期各处理土层含水率比播种前含水率减少。

2013年该地区是平水年份,生育期内降水量为64.6 mm,土壤剖面含水率变化主要

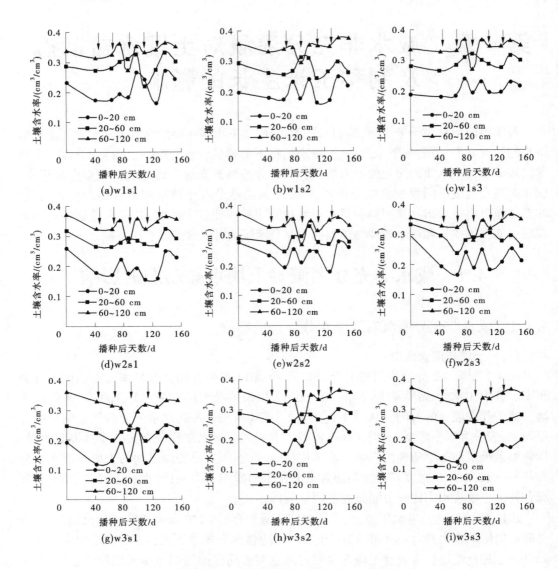

图 4-1　2012 年各处理土壤剖面水分分布

受灌水和作物根系吸水的影响。由于试验地已经进行过 5 年的咸水灌溉试验,土壤理化性质已经发生了变化,虽然每年试验前都会对试验地进行大水灌溉淋洗一遍,但土壤中依然累积了不少盐分,播种前各处理土壤初始含水率较高。各处理土层均表现出表层土壤和根系吸水层土壤含水率较低,深层土壤含水率较高的现象,并且各处理含水率随着灌溉次数的增多以及制种玉米生育期的推进变化规律大致一样。蒋静(2011)第一年咸水灌溉试验前土壤均为粉壤土,经过 5 年咸水灌溉试验后表层土壤和根系吸水层土壤均为沙壤土,深层土壤为黏壤土。由于沙壤土保水性较差,水分易于入渗,因此表层土壤和根系吸水层土壤含水率低;黏壤土保水性较好,水分易于存储,因此深层含水率较高。蒋静

(2011)研究表明,长时期咸水灌溉后,土壤盐分发生累积,对作物根系吸水造成影响,土壤水分有效性降低,灌溉补给的土壤水分不能被作物有效利用,致使深层土壤含水率较大,因此充分和非充分灌溉条件下土壤含水率变化规律与咸水灌溉初期不同。Shani 等(2001)和 Ben-Hur 等(2001)研究发现盐分胁迫下渗透势阻碍根系吸水导致较多水分残留在土壤中,与本书研究的结果相似。另外,土壤盐分会使土壤水分的物理行为发生变化,李小刚等(2004)研究表明盐分对土壤吸湿系数的影响显著,通过对水汽的吸附,盐土的含水量可达到田间持水量以上。

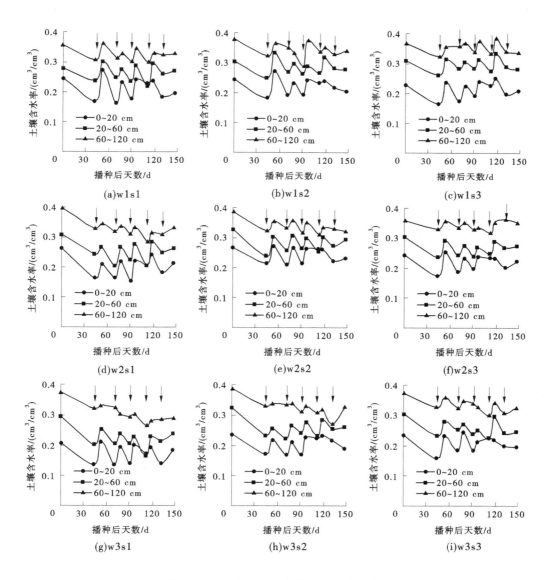

图 4-2　2013 年各处理土壤剖面水分分布

4.1.1.2 土壤平均含水率动态变化

2012 年和 2013 年制种玉米全生育期 0~120 cm 土层平均含水率动态变化如图 4-3 和图 4-4 所示。箭头代表灌水的时间。由图 4-3 可以看出,灌溉水矿化度相同时,各灌水矿化度处理的土壤含水率变化过程基本一致,充分灌溉 w1 处理 0~120 cm 的土层平均含水率高于 w2 处理和 w3 处理,但 w1 处理和 w2 处理间差异相差不大,而重度缺水 w3 处理的土壤含水率显著低于 w1 处理和 w2 处理。2012 年灌水矿化度为 3 g/L 的微咸水灌溉中,w2 处理前期的土壤含水率较高,这可能是因为播种前大水灌溉淋洗试验地,灌水不均匀,导致 w2s2 处理的含水率比 w1s2 处理的高,一直持续到中后期,w2s2 处理的含水率才逐渐降下来。

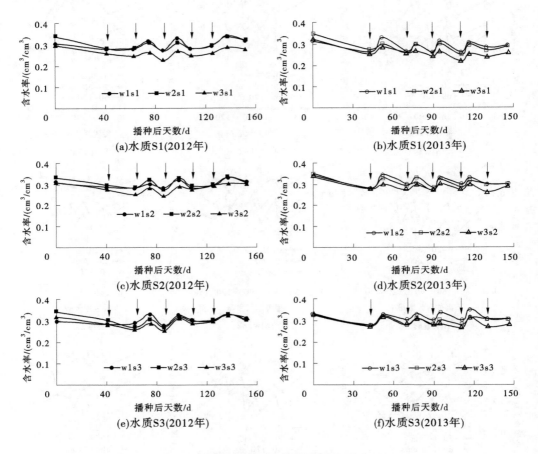

图 4-3　相同水质不同灌水量土壤平均含水率

从图 4-4 可以看出,灌水量相同时,除 2012 年充分灌溉和轻度缺水灌溉条件下 3 种盐分处理的土壤含水率差异不大外,其余各灌水条件下,均表现出咸水灌溉处理土壤含水率高于淡水灌溉处理的现象,这与 Ben-Asher 等(2006)研究的咸水灌溉带入土体的盐分会使土壤水势降低,对作物形成盐分胁迫,影响作物对土壤水分的吸收,从而出现咸水灌溉处理土壤含水率高于淡水灌溉处理的现象的结论相似。由于试验已经进行了 5 年的咸

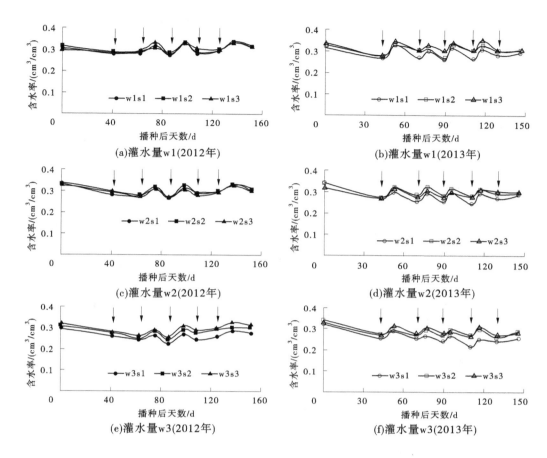

图 4-4　相同灌水量不同水质土壤平均含水率

水灌溉试验,灌水矿化度为 3 g/L 和 6 g/L 的咸水灌溉处理已经累积了一定量的盐分,改变了土壤的理化性质,从而对作物产生盐分胁迫现象,影响作物对土壤水分的吸收。2013年各灌水条件下,灌水矿化度为 6 g/L 的处理土壤含水率最大,由此可见,高矿化度咸水灌溉导致盐分累积量越大,对作物产生盐分胁迫越严重,从而阻碍作物根系吸水导致较多的水分残留在土壤中;2012 年重度缺水灌溉条件下也表现出类似的规律。采用矿化度为3 g/L 的微咸水长时期进行灌溉时,也会使土壤累积少量盐分,对作物产生盐分胁迫现象,但这种胁迫是否造成作物大面积的减产,还需要继续进行研究。

4.1.2　咸水非充分灌溉对土壤盐分分布的影响

4.1.2.1　土壤剖面含盐量

　　图 4-5 和图 4-6 分别为制种玉米 2012 年和 2013 年生育期内各处理土壤剖面盐分分布图,由图 4-5 和图 4-6 可以看出,土壤剖面盐分的分布具有明显的规律性,盐分在土壤中的积盐程度随着灌水矿化度的增大而加剧。

　　2012 年各处理初始盐分都比较大,是因为该试验地已经进行过 4 年的咸水灌溉试

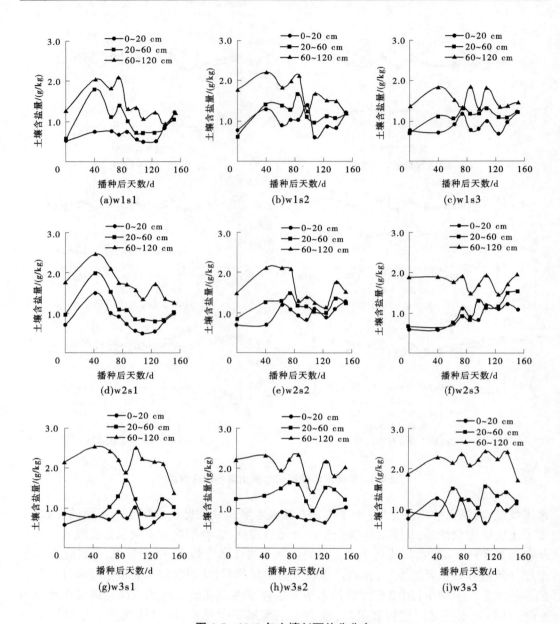

图 4-5 2012 年土壤剖面盐分分布

验,土壤中累积了一定量的盐分,播种前试验地进行过一次大水灌溉冲洗,灌溉水量达 150 mm,所以 2012 年各处理深层土壤初始盐分都比较高,直到第一次灌水后才开始逐渐降下来。2013 年制种玉米播种前也进行过一次大水灌溉冲洗,各处理初始盐分基本维持在 1.8 g/kg 以下。

咸水灌溉后,盐分在土壤中的累积程度由灌溉水矿化度和咸水使用时间决定,盐分在土壤中的累积量随着灌水矿化度的增大而增加,灌水矿化度越大,灌溉水带入土体的盐分

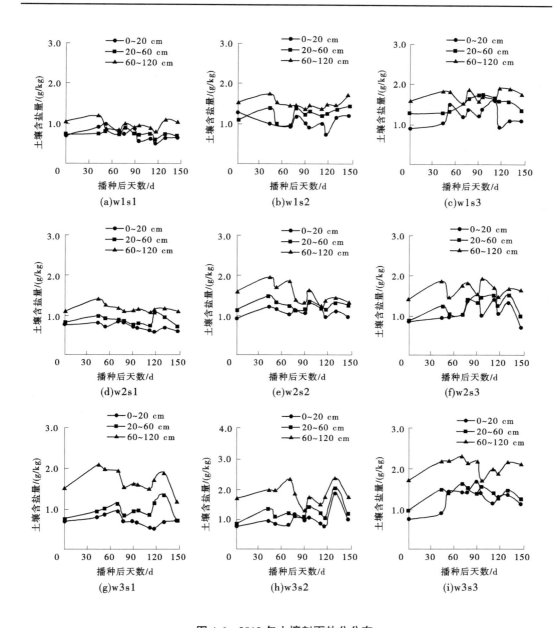

图 4-6　2013 年土壤剖面盐分分布

越多,土壤积盐也越严重。以 2012 年轻度缺水 w2 处理为例,w2s3 处理各土层生育期内均表现出积盐的现象,收获后与播种前相比表层土壤积盐 0.486 g,根系吸水层土壤积盐 0.890 g,深层土壤积盐 0.076 g,w2s2 处理收获后与播种前相比表层土壤积盐 0.608 g,根系吸水层土壤积盐 0.396 g,深层土壤积盐 0.027 g,2012 年和 2013 年的重度缺水 w3 处理均具有类似的规律。

咸水灌溉土壤中的盐分分布还受到降雨和土壤质地的影响,降水量的大小可以改变土壤中盐分的分布规律,由于 2012 年该地区是丰水年份,生育期内降水量达 130 mm,与往年相比偏多,特别是第二次和第三次灌水后 1~2 d 普降大雨,降水量分别为 14.1 mm 和 37 mm,对土壤中的盐分分布影响较大,致使相同灌水矿化度条件下,不同灌水量对土壤中的盐分分布影响不明显,如 3 g/L 和 6 g/L 咸水灌溉条件下,各处理之间盐分差异性不显著,均表现出深层土壤盐分含量一直维持在较高的水平,受降雨的影响,表层和根系吸水层土壤的盐分被淋洗到土壤深层处。随着咸水灌溉使用时间的增长及灌溉次数的增多,土壤的理化性质发生变化,由于 2012 年和 2013 年是第四年、第五年咸水灌溉试验,土壤质地发生了改变,表层和根系吸水层土壤为沙壤土,保水性较差,致使灌溉带入的盐分逐渐向深层土壤运移,形成盐分自上而下累积的趋势,两年咸水灌溉试验中各处理深层土壤盐分含量较高可能是因为受灌溉、降雨及土壤质地改变等因素共同影响的结果。

4.1.2.2　土壤全盐量累积动态变化

图 4-7 和图 4-8 分别为制种玉米 2012 年和 2013 年生育期内各处理每次取土与前一次取土盐分之差的累积动态变化图,表 4-1 和表 4-2 分别为制种玉米 2012 年和 2013 年收获后与播种前 0~120 cm 土壤全盐量累积变化量。由图 4-7、图 4-8 和表 4-1、表 4-2 可以看出,两年试验中淡水灌溉各处理均表现出脱盐量大于积盐量,2012 年全生育期内淡水灌溉处理盐分累积总量呈现脱盐,脱盐率最大的为 w1s1 处理,达 34.37%,2013 年脱盐率最大的为 w3s1 处理,达 34.45%,这说明淡水灌溉处理土壤盐分可以被淋洗到 120 cm 以下土层中去。灌水矿化度为 6 g/L 的咸水灌溉条件下,两年试验中各处理均表现出积盐量大于脱盐量,2012 年和 2013 年 w1s3 处理全生育期内盐分累积总量呈现积盐,积盐率分别是 30.95%、12.75%,w2s3 处理积盐率分别是 14.03%、10.40%,这说明灌溉水量越大,土壤积盐程度越严重。灌水矿化度为 3 g/L 的微咸水灌溉条件下,2013 年试验中各处理均呈现出积盐的现象,积盐率最大的处理为 w1s2,达 68.22%,而 2012 年试验中各处理呈现出脱盐的现象,这可能是因为 2012 年降雨多的缘故,能把灌水矿化度为 3 g/L 的咸水灌溉条件下土壤中的盐分淋洗到 120 cm 以下深度处。采用矿化度为 3 g/L 的微咸水长时间进行灌溉,土壤全盐量累积变化规律还需进一步的研究。

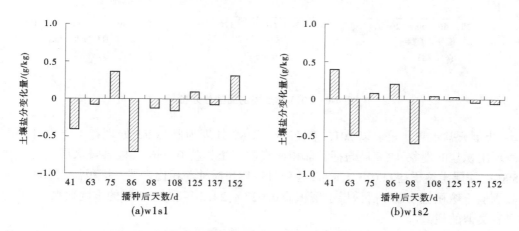

图 4-7　2012 年各处理土壤盐分累积动态变化(0~120 cm)

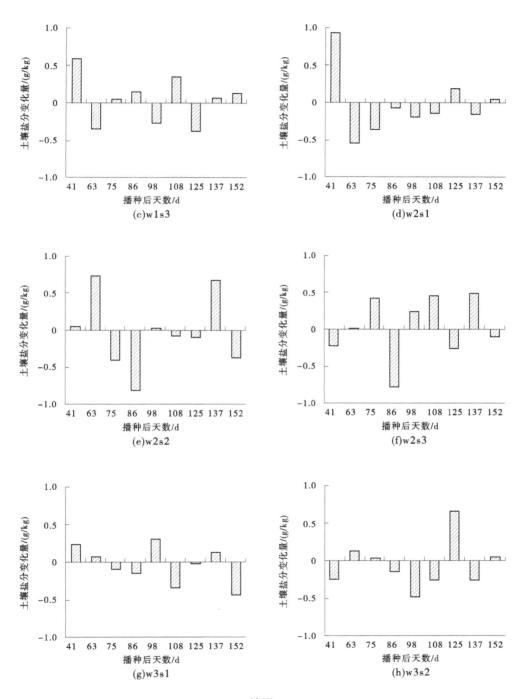

续图 4-7

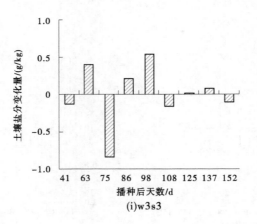

(i)w3s3

续图 4-7

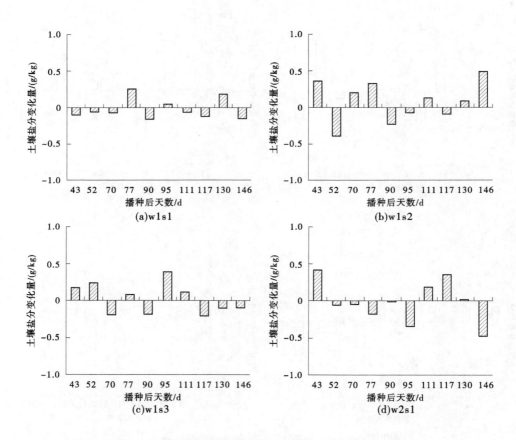

图 4-8　2013 年各处理土壤盐分累积动态变化(0~120 cm)

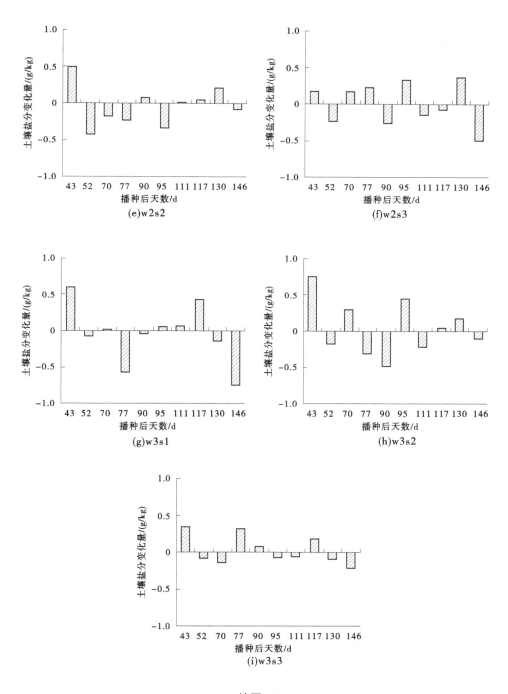

续图 4-8

表 4-1　2012 年 0~120 cm 各处理土壤全盐量累积变化量

处理	w1s1	w1s2	w1s3	w2s1	w2s2	w2s3	w3s1	w3s2	w3s3
播前全盐量/（g/kg）	2.203	1.628	1.034	1.324	1.632	1.49	1.479	2.027	1.871
收后全盐量/（g/kg）	1.446	1.194	1.354	1.138	1.401	1.699	1.169	1.604	1.891
增加值/(g/kg)	−0.757	−0.434	0.320	−0.186	−0.231	0.209	−0.310	−0.423	0.020
积盐率/%	−34.37	−26.66	30.95	−14.05	−14.15	14.03	−20.96	−20.87	1.07

表 4-2　2013 年 0~120 cm 各处理土壤全盐量累积变化量

处理	w1s1	w1s2	w1s3	w2s1	w2s2	w2s3	w3s1	w3s2	w3s3
播前全盐量/（g/kg）	0.973	1.136	1.263	0.921	1.085	1.192	1.132	0.894	1.322
收后全盐量/（g/kg）	0.736	1.911	1.424	0.762	1.244	1.316	0.742	1.391	1.605
增加值/(g/kg)	−0.237	0.775	0.161	−0.159	0.159	0.124	−0.390	0.497	0.283
积盐率/%	−24.36	68.22	12.75	−17.26	14.65	10.40	−34.45	55.59	21.41

4.2　咸水非充分灌溉对制种玉米生长的影响

　　土壤盐分是影响作物生长发育的重要环境因子之一,土壤溶液渗透势与土壤含盐量呈正相关的关系,渗透势增大会抑制作物根系吸水,引起作物生理饥渴,降低土壤水分利用效率。一定程度上的水分胁迫,对作物的生长并无不利影响,只有当水分胁迫达到一定数值时,才会对作物的生长产生不良影响。一方面,对作物而言,水盐联合胁迫会延缓、抑制或破坏作物正常的生长发育;另一方面,非充分灌溉能够提高作物水分利用效率,达到节水的目的。通过咸水灌溉田间试验,定量地分析水盐胁迫对制种玉米株高、叶面积指数、产量及水分利用效率的影响,可为研究区域制种玉米制订合理的节水灌溉制度提供依据。

4.2.1　咸水非充分灌溉对制种玉米株高的影响

　　株高是表征作物纵向生长能力的指标之一。图 4-9 是 2012 年和 2013 年制种玉米株高变化规律。由图 4-9 可以看出,各处理株高变化趋势基本一致,抽穗期前,植株生长迅速,株高增加得很快,抽穗期后作物株高基本维持不变。

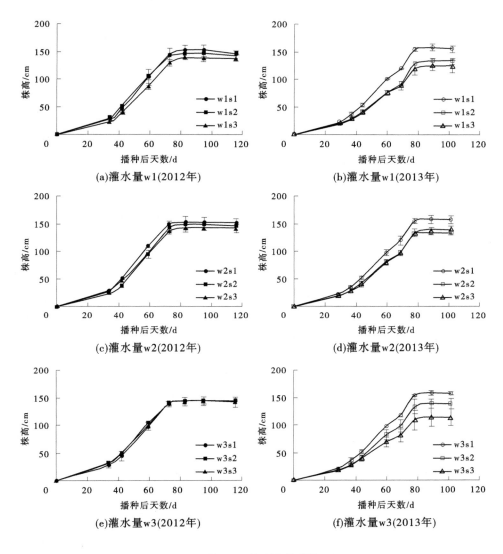

(a)灌水量w1(2012年)　　(b)灌水量w1(2013年)

(c)灌水量w2(2012年)　　(d)灌水量w2(2013年)

(e)灌水量w3(2012年)　　(f)灌水量w3(2013年)

图 4-9　株高变化规律

　　充分灌溉条件下,2012 年和 2013 年制种玉米株高变化规律基本相似,不同矿化度灌溉水处理的株高有明显的差异。在生育前期,制种玉米株高差异不大,拔节期到抽穗期,制种玉米株高受灌溉水矿化度的影响差异性显著,两年均表现出随着灌溉水矿化度的增大,株高增加得越缓慢,到生育末期,2012 年 w1s1 处理的株高分别比 w1s2 处理、w1s3 处理的株高高出 2.9%和 5.8%,2013 年 w1s1 处理的株高分别比 w1s2 处理、w1s3 处理的株高高出 14.5%和 20.5%。这说明在充分灌溉条件下,盐分胁迫对制种玉米株高的生长产生了不利的影响,随着灌溉水矿化度的增加,株高增加得越缓慢。

　　轻度缺水灌溉条件下,不同矿化度灌溉水处理的株高有明显的差异。主要体现在拔节期以后,2012 年各处理随着灌溉水矿化度的增加,株高增加得越缓慢,生育末期,w2s1

处理的株高分别比 w2s2 处理、w2s3 处理的株高高出 3.5%、5.5%；2013 年各处理也有类似的差异，不同的是抽穗期之后 w2s2 处理的株高低于 w2s3 处理的株高，这可能是因为轻度缺水灌溉条件下 3 g/L 的咸水灌溉对作物生育后期胁迫严重，影响了制种玉米的生长。

重度缺水灌溉条件下，不同矿化度灌溉水处理下株高变化规律跟充分灌溉条件下相似。2012 年由于是丰水年，降雨对制种玉米生长影响很大，各处理株高差异性不显著，株高相差不大；2013 年各处理株高差异性显著，拔节期至抽穗期，随着灌溉水矿化度的增加制种玉米株高增加得越缓慢，至生育末期 w3s1 处理的株高分别比 w3s2 处理的株高、w3s3 处理的株高高出 11.8%、27.5%，这说明水盐共同胁迫下严重影响了制种玉米的生长。

4.2.2 咸水非充分灌溉对制种玉米叶面积指数的影响

叶面积是用来描述作物生长发育的一个重要指标。叶片是作物进行光合作用、蒸腾作用等生理过程的主要器官，作物叶面积决定着冠层对光的截获能力，从而影响光合作用和蒸腾作用，是决定作物干物质积累和最终产量的因素之一。

图 4-10 是制种玉米 2012 年和 2013 年叶面积指数变化规律。从图 4-10 中可以看出，各处理叶面积指数变化趋势基本一致，拔节期至灌浆期制种玉米 LAI 迅速增大，灌浆后期开始下降。灌浆期前是制种玉米发育最好的时期，叶片生长非常迅速，为作物干物质积累提供基础；进入灌浆期后，作物籽粒生长占优势，叶片等营养器官开始停止生长，继而老化、脱落，LAI 逐渐减小。

充分灌溉条件下，2012 年和 2013 年叶面积指数变化规律基本一致，LAI 随灌溉水矿化度的增大而减小。2012 年 3 g/L、6 g/L 两种矿化度灌溉水处理的 LAI 分别比淡水灌溉处理减少了 4.5% 和 23.4%；2013 年 3 g/L、6 g/L 两种矿化度灌溉水处理的 LAI 分别比淡水灌溉处理减少了 31.2% 和 38.6%。说明随着咸水灌溉的连续使用，盐分胁迫对制种玉米 LAI 的影响严重，并且灌溉水矿化度越大的处理，LAI 越小。

轻度缺水灌溉条件下，制种玉米 LAI 整体上比充分灌溉条件下略低，水分亏缺对 LAI 有一定的影响。相同灌水量条件下，不同矿化度灌溉水处理 LAI 变化规律相似，LAI 随灌溉水矿化度的增大而降低。2012 年 3 g/L、6 g/L 两种矿化度灌溉水处理的 LAI 分别比淡水灌溉处理减少 6.7% 和 16.9%；2013 年不同的是在拔节后期，灌溉水矿化度为 6 g/L 的 LAI 比 3 g/L 的更大，到生育末期灌溉水矿化度为 6 g/L 的 LAI 比 3 g/L 高出 8.6%。这说明轻度缺水灌溉条件下，灌溉水矿化度为 3 g/L 对制种玉米生育中后期的 LAI 影响较大。

重度缺水灌溉条件下，制种玉米 LAI 整体上比充分灌溉和轻度缺水灌溉要低，但差异性不大，说明水分胁迫对制种玉米 LAI 影响不大。不同矿化度灌溉水条件下，LAI 随灌溉水矿化度的增大而降低。2012 年抽穗期后，灌溉水矿化度为 3 g/L 处理的 LAI 比淡水灌溉处理大，这可能是因为抽穗期后降水量大，减轻了 3 g/L 矿化度灌溉水处理对作物的盐分胁迫作用；2013 年 3 g/L、6 g/L 两种灌溉水矿化度处理的 LAI 分别比淡水灌溉处理减少了 27.3% 和 46.5%，说明水盐共同胁迫条件下，高矿化度灌溉水处理对制种玉米 LAI 影响更严重。

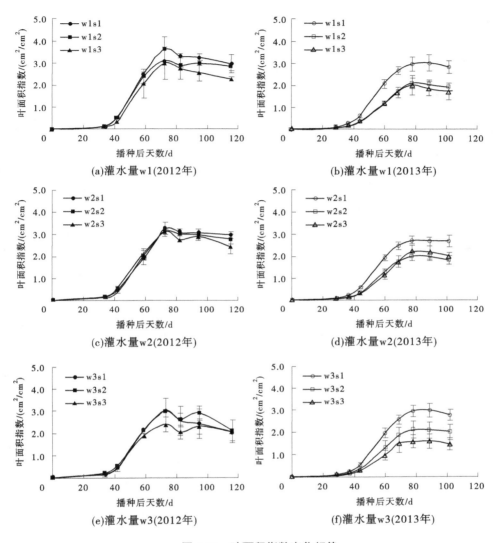

图 4-10　叶面积指数变化规律

4.2.3　咸水非充分灌溉对制种玉米产量及其构成因子的影响

制种玉米产量构成要素主要包括穗长、穗粗、百粒重、干物质重等。各处理产量及其构成因子的平均值见表 4-3,表 4-4 为产量及其构成因子的方差分析结果。2012 年灌溉水量对穗长、穗粗、百粒重、干物质重、产量的影响均显著,灌溉水矿化度只对百粒重和产量的影响显著,水盐的交互作用只对百粒重的影响显著,其余均不显著。2013 年,灌溉水量只对穗长的影响显著,灌溉水质对穗长、穗粗、干物质重、产量的影响均显著,二者的交互作用只对穗长、产量显著。2013 年产量及其构成要素均比 2012 年的要低,是因为两年制种玉米的品种不一样,2013 年种植的品种是富农 340 号,植株要比 2012 年种植的金西北 22 号要矮小,而且富农 340 号是新培育出来的品种,还没有得到大面积的推广,从该地区

2013 年种植情况来看,富农 340 号制种玉米生育期要比金西北 22 号短,生育后期植株老化快,抗病虫能力也较差,特别是在抽穗期间,由于降雨的原因,影响制种玉米之间的授粉,致使灌浆期间玉米籽粒灌浆不饱满,收获后产量及其构成要素比 2012 年的都要低,因此该地区不适合推广富农 340 号品种。

表 4-3 制种玉米产量及其构成因子

产量及其构成因子	年份	w1			w2			w3		
		s1	s2	s3	s1	s2	s3	s1	s2	s3
穗长/cm	2012	146.5	139.2	136.6	133.0	135.8	133.7	130.4	130.9	128.6
	2013	122.5	124.9	109.4	121.7	129.5	121.9	120.3	110.5	114.5
穗粗/cm	2012	43.3	44.2	42.6	42.3	42.1	41.2	40.4	40.0	41.5
	2013	31.1	25.2	25.4	28.6	26.5	25.0	25.5	28.6	22.7
百粒重/g	2012	45.7	45.2	44.0	44.2	43.9	44.2	42.2	42.4	40.6
	2013	31.5	29.7	26.9	30.7	30.2	31.8	30.5	31.7	26.8
干物质重/g	2012	267.3	264.8	253.5	244.2	231.1	237.1	214.4	200.7	216.3
	2013	142.0	90.1	70.9	135.2	97.8	98.9	123.8	76.3	54.6
产量/(kg/hm²)	2012	6 768	6 508	6 440	6 487	6 341	5 941	4 886	4 660	4 436
	2013	4 925	3 450	3 163	4 674	3 621	3 488	3 901	3 069	2 723

表 4-4 制种玉米产量及其构成因子的方差分析结果

产量及其构成因子	项目	2012 年		2013 年	
		F 值	P 值	F 值	P 值
穗长	w	4.01	0.04	4.27	0.03
	s	0.47	0.64	4.71	0.02
	w×s	0.44	0.78	5.35	0
穗粗	w	8.23	0	1.27	0.30
	s	0.11	0.89	7.46	0
	w×s	1.13	0.38	2.38	0.08
百粒重	w	120.64	0	0.96	0.40
	s	13.85	0	2.41	0.12
	w×s	5.33	0.01	1.76	0.18

续表 4-4

产量及其构成因子	项目	2012 年		2013 年	
		F 值	P 值	F 值	P 值
干物质重	w	5.64	0.01	1.78	0.19
	s	0.27	0.77	19.9	0
	w×s	0.14	0.97	1.56	0.21
产量	w	76.65	0	1.24	0.31
	s	4.52	0.04	37.06	0
	w×s	0.46	0.76	8.52	0

注：$P<0.05$ 的水平下显著；w 代表灌溉水量，s 代表灌溉水矿化度，w×s 代表灌溉水量和灌溉水矿化度的交互作用。

　　相同灌水量条件下，不同灌溉水矿化度处理对作物减产规律相似，即随着灌溉水矿化度的提高，产量逐渐减小。充分灌溉条件下，2012 年淡水灌溉处理的制种玉米最大产量为 6 768 kg/hm^2，3 g/L 和 6 g/L 咸水灌溉处理分别比淡水灌溉处理减产 3.8%、4.8%；2013 年淡水灌溉处理的制种玉米最大产量为 4 925 kg/hm^2，3 g/L 和 6 g/L 咸水灌溉处理分别比淡水灌溉处理减产 29.9%、35.8%，说明随着连续使用咸水灌溉，对制种玉米减产幅度逐渐增大。两年减产幅度较大的是重度缺水灌溉处理，2012 年 3 g/L 和 6 g/L 咸水灌溉处理分别比淡水灌溉处理减产 4.6%、9.2%，2013 年 3 g/L 和 6 g/L 咸水灌溉处理分别比淡水灌溉处理减产 21.3%、30.2%，2012 年减产幅度与 2013 年相比较低，可能是因为丰水年份生育期内降水量较大的原因，影响不同矿化度灌溉水处理之间的差异性。

　　相同灌溉水矿化度条件下，随着缺水程度的增加，作物也会出现不同程度的减产。淡水灌溉条件下，2012 年轻度缺水灌溉处理和重度缺水灌溉处理分别比充分灌溉处理减产 4.1%、27.8%；2013 年轻度缺水灌溉处理和重度缺水灌溉处理分别比充分灌溉处理减产为 5.1%、20.8%。3 g/L 微咸水灌溉条件下，2012 年轻度缺水灌溉处理和重度缺水灌溉处理分别比充分灌溉处理减产 2.6%、28.4%；而 2013 年，轻度缺水灌溉处理比充分灌溉处理增产 5%，重度缺水灌溉处理比充分灌溉处理减产 11.1%，表现出 3 g/L 微咸水灌溉条件下，轻度缺水灌溉处理的产量比充分灌溉处理更高，说明适宜的水分亏缺反而可以增加产量。2013 年 6 g/L 咸水灌溉条件下的轻度缺水灌溉处理也表现出类似的规律，比充分灌溉处理增产 10.3%，这可能是连续使用咸水灌溉，轻度水分亏缺下盐分胁迫没那么敏感，轻度缺水灌溉处理产量反而比充分灌溉处理要高，因此轻度缺水灌溉处理可以采用。水盐共同胁迫作用条件下，2012 年 w2s2 处理、w2s3 处理、w3s2 处理、w3s3 处理分别比 w1s1 处理减产 6.3%、14.2%、31.1%、34.4%，2013 年 w2s2 处理、w2s3 处理、w3s2 处理、w3s3 处理分别比 w1s1 处理减产 26.5%、29.2%、37.7%、44.7%。

4.2.4　咸水非充分灌溉对制种玉米水分利用效率的影响

　　制种玉米的耗水量主要受到灌溉水量、灌溉水矿化度和土壤水分消耗量影响。

表 4-5 为制种玉米耗水组成。由表 4-5 分析可得,灌溉水量对制种玉米耗水的影响显著,制种玉米耗水量随着灌溉水量的增大而增大,水分亏缺时耗水量明显降低。淡水灌溉条件下,2012 年充分灌溉处理制种玉米的耗水量为 700.5 mm,与之相比,轻度缺水灌溉处理和重度缺水灌溉处理的耗水量分别降低了 21.6% 和 36.1%;3 g/L 的咸水灌溉条件下,轻度缺水灌溉处理和重度缺水灌溉处理的耗水量分别比充分灌溉降低了 22.3% 和 39.7%;6 g/L 的咸水灌溉条件下,轻度缺水灌溉处理和重度缺水灌溉处理的耗水量分别比充分灌溉降低了 18.4% 和 37.8%;2013 年制种玉米耗水也有类似的规律。灌溉水矿化度对制种玉米耗水量的影响不明显,充分灌溉条件下,两年试验均表现出 3 g/L 咸水灌溉处理的耗水量最大,两年试验耗水量最大分别为 713.2 mm 和 610.8 mm。轻度缺水灌溉条件下,2012 年 6 g/L 咸水灌溉处理的耗水量略高于 3 g/L 咸水灌溉处理和淡水灌溉处理,耗水量均在 550 mm 左右;2013 年淡水灌溉处理的耗水量最大为 498.1 mm,3 g/L 咸水灌溉处理和 6 g/L 咸水灌溉处理与其相比降低了 10.8% 和 19.1%。重度缺水灌溉条件下,耗水量最大的均为淡水灌溉处理,两年试验耗水量分别为 447.9 mm 和 420.4 mm,3 g/L 和 6 g/L 的咸水灌溉处理与其相比降低不超过 7%。由此可见,非充分灌溉使制种玉米的耗水量减少,水分亏缺对作物耗水的影响处于主导地位,重度缺水灌溉的影响尤为显著,而灌溉水矿化度对制种玉米的耗水量影响较小,然而盐分胁迫对制种玉米耗水的影响将随着咸水使用时间的增长而增强。

表 4-5 制种玉米的耗水组成和水分利用效率

处理	灌溉量/ mm		降水量/ mm		土壤水分变化量/mm		渗漏量/ mm		耗水量/ mm		WUE/ (kg/m^3)	
	2012 年	2013 年	2012 年	2013 年	2012 年	2013 年	2012 年	2013 年	2012 年	2013 年	2012 年	2013 年
w1s1	585	555	130	64.6	14.5	−28.9	—	52.5	700.5	596.0	0.97	0.83
w1s2	585	555	130	64.6	1.8	−41.7	—	50.5	713.2	610.8	0.91	0.56
w1s3	585	555	130	64.6	18.1	−35.1	—	153.4	696.9	501.3	0.92	0.63
w2s1	390	370	130	64.6	−29.0	−70.7	—	7.1	549.0	498.1	1.18	0.94
w2s2	390	370	130	64.6	−34.4	−59.1	—	41.8	554.4	451.9	1.14	0.80
w2s3	390	370	130	64.6	−48.9	−20.6	—	52.2	568.9	403.0	1.04	0.87
w3s1	292.5	277.5	130	64.6	−25.4	−78.3	—	0.0	447.9	420.4	1.09	0.93
w3s2	292.5	277.5	130	64.6	−7.2	−65.7	—	5.6	429.7	402.3	1.08	0.76
w3s3	292.5	277.5	130	64.6	−10.9	−61.3	—	12.1	433.4	391.2	1.02	0.70

注:2012 年未监测渗漏量。

制种玉米的水分利用效率是表示作物对水分吸收利用过程效率的一个指标,其受耗水量和产量的影响。由表 4-5 可知,两年试验中,非充分灌溉处理的水分利用效率总体上大于充分灌溉处理。淡水灌溉条件下,2012 年充分灌溉处理的水分利用效率最高为 0.97 kg/m³,轻度缺水灌溉和重度缺水灌溉处理的水分利用效率分别比充分灌溉处理提高了 22.3% 和 12.9%;2013 年充分灌溉处理的水分利用效率最高为 0.83 kg/m³,轻度缺水灌溉处理和重度缺水灌溉处理的水分利用效率分别比充分灌溉处理提高了 13.5% 和 12.3%。两年试验中 3 g/L 和 6 g/L 的咸水灌溉条件下,各处理也具有类似的规律。结果表明,一定程度的水分亏缺有利于提高制种玉米的水分利用效率,但过度的水分亏缺使水分利用效率表现下降的趋势。随着灌溉水矿化度的增加,制种玉米的水分利用效率呈下降趋势。充分灌溉条件下,2012 年 3 g/L 和 6 g/L 处理的水分利用效率分别比淡水灌溉处理降低了 4.6% 和 4.3%;2013 年相同对比条件下降低为 31.6% 和 23.6%。两年试验中轻度缺水灌溉和重度缺水灌溉条件下,各处理也具有类似的规律。可见,咸水灌溉会对制种玉米造成不同程度的盐分胁迫,而盐分胁迫会造成制种玉米产量的急剧降低,在耗水减少有限的情况下,咸水灌溉处理制种玉米的水分利用效率也降低。

4.3　水盐胁迫条件下制种玉米水盐生产函数

咸水灌溉和非充分灌溉由于存在水盐胁迫作用,对作物的生长状况和产量有一定的影响。国内外研究者对作物产量与土壤含水量、含盐量的关系进行了大量的定性与定量的研究,建立了各种不同形式的作物水盐生产函数。作物水盐生产函数是反映土壤水盐与作物产量关系的数学模型,是制订咸水灌溉和非充分灌溉制度的重要依据。王仰仁等(2004)通过作物水分生产函数和盐分生产函数分步建立了棉花水盐生产函数,并在此基础上了优化得到了棉花较优的咸水灌溉制度。王军涛等(2012)通过开展微咸水灌溉试验,以作物水分生产模型为基础,建立了作物水盐响应模型,并分别建立分阶段水盐生产函数,求得夏玉米各生育阶段的盐分敏感指数。谭帅等(2018)通过开展微咸水膜下滴灌试验,建立了棉花水盐生产函数,并提出了研究区中粉沙壤土和沙质壤土下适宜棉花生长的微咸水灌溉定额。郭向红等(2019)通过开展微咸水膜下滴灌试验,建立了西葫芦微咸水膜下滴灌土壤水盐运移模型和水盐生产函数,模拟了西葫芦微咸水灌溉膜下滴灌土壤水盐动态和西葫芦的产量。本书通过在石羊河流域开展咸水非充分灌溉试验,综合考虑土壤水分和盐分对制种玉米生长和产量的影响,推求作物水盐生产函数的参数,构建咸水非充分灌溉条件下制种玉米的水盐生产函数,为研究区地下咸水资源合理利用和节水灌溉提供理论依据。

4.3.1　作物水盐生产函数简介

本书所选取的作物水盐生产函数是基于 Stewart 等(1977)提出的水分生产函数,即用在不同生长阶段的 ET_a/ET_m 比值来估计农作物产量,即

$$\frac{Y_a}{Y_m} = \prod_{j}^{n} \left[1 - k_{yj} \left(1 - \frac{ET_{aj}}{ET_{mj}} \right) \right] \tag{4-1}$$

式中：Y_a 和 Y_m 为作物实际产量和最大产量，kg/hm^2；n 为作物的生长阶段，本书 n 取 5；j 为作物实际的生长阶段；k_{yj} 为作物各生育阶段产量影响因子；ET_a 和 ET_m 分别为与 Y_a 和 Y_m 相对应的蒸散量，mm。

　　咸水非充分灌溉由于作物存在水分胁迫和盐分胁迫，故在计算作物蒸散量时需要分别计算水分胁迫下的蒸散量（ET_{aw}）、盐分胁迫下的蒸散量（ET_{as}）和水盐联合胁迫下的蒸散量（ET_{aws}），而式（4-1）中并没有考虑盐分胁迫及水盐联合胁迫，因此需要对该作物水分生产函数进行修正。本书通过查阅相关文献，采用下列方法对该作物水盐生产函数进行修正。

　　作物的蒸散量直接关系到作物根区的土壤含水量，如果土壤含水量高于 p（水分胁迫发生前根区消耗的土壤水分占总有效土壤水分的比例）时，则作物不受水分胁迫，此时 ET_{aw} 由如下方法判断和估算，$TAW - D_r \geqslant (1-p)TAW = TAW - RAW$，则 $ET_{aw} = ET_m$，否则：

$$ET_{aw} = \frac{TAW - D_r}{(1 - p)TAW}ET_m \tag{4-2}$$

式中：D_r 为给定时间内作物根区的耗损量，mm；TAW 为总的有效土壤含水量；RAW 为实际利用的有效水量，mm。

　　如果作物根区存在可溶性盐，作物蒸腾能力会降低，使得土壤饱和浸提液电导率（EC_e）大于阈值（EC_{et}），采用如下公式来估算盐分胁迫和水盐联合胁迫条件下的作物蒸散量（ET_a）。

$$\frac{ET_{aws}}{ET_m} = K_{sc} = K_{ss}K_{sw} = \left[1 - \frac{b}{100k_y}(EC_e - EC_{et})\right]\frac{TAW - D_r}{(1 - p)TAW} \tag{4-3}$$

式中：ET_{aws} 为水盐联合胁迫条件下的作物蒸散量，mm；K_{sc} 为依赖于 K_{sw} 和 K_{ss} 的蒸腾减少因素，无量纲；K_{ss} 为依赖于土壤饱和浸提液电导率的蒸腾减少因素，无量纲，取值范围为 $0 \sim 1$，如果 $EC_e \leqslant EC_{et}$，则 $K_{ss} = 1$；K_{sw} 为依赖于土壤有效水的蒸腾减少因素，无量纲，取值范围为 $0 \sim 1$，如果 $D_r \leqslant RAW$，则 $K_{sw} = 1$；EC_e 为作物根区土壤饱和浸提液电导率的平均值，dS/m；EC_{et} 为土壤饱和浸提液电导率的阈值，dS/m，根据相关文献 EC_{et} 取为 4.0 dS/m；b 为描述作物单位多余盐分产量减少率特定的参数。

4.3.2　作物水盐生产函数计算指标

4.3.2.1　土壤根区有效水量

$$TAW = 10 \times (\theta_{FC} - \theta_{WP}) \times Z_r \tag{4-4}$$

$$RAW = p \times TAW \tag{4-5}$$

式中：TAW 为土壤根区总的有效水量，mm；θ_{FC} 为田间持水量，cm^3/cm^3；θ_{WP} 为调萎系数，结合土壤物理性质和水力特性曲线，取值为 0.075 cm^3/cm^3；Z_r 为作物根区深度，取为 100 cm；RAW 为土壤根区实际有效水量，mm；p 为水分胁迫发生前根区消耗的土壤水分占总有效土壤水分的比例，根据相关文献玉米地取值为 0.55。

4.3.2.2　土壤根区消耗量

$$D_r = 10 \times (\theta_{FC} - \theta_i) \times Z_r \tag{4-6}$$

式中：D_r 为根区水分消耗量，mm；θ_i 为计算时段内的平均土壤含水量，cm^3/cm^3。

4.3.3　评价指标

作物水盐生产函数的模拟值与实测值吻合度采用均方根误差（RMSE）和平均相对误差（MRE）2 个指标进行评价。

$$RMSE = \sqrt{\frac{1}{N} \sum_{i=1}^{N} (P_i - O_i)^2} \tag{4-7}$$

$$MRE = \frac{1}{N} \sum_{i=1}^{N} \left| \frac{P_i - O_i}{O_i} \right| \times 100\% \tag{4-8}$$

式中：N 为观测值的个数；P_i 为第 i 个模拟值；O_i 为第 i 个观测值。

4.3.4　作物水盐生产函数参数的率定与验证

4.3.4.1　作物水盐生产函数参数的率定

根据制种玉米不同生育阶段对土壤水分、盐分胁迫有不同程度的敏感反应，把制种玉米整个生育期划分为 5 个阶段，分别为出苗-拔节期、拔节-孕穗期、孕穗-开花期、开花-灌浆期、灌浆-成熟期，即作物水盐生产函数计算中 $n=5$。依据 2012 年田间试验实测数据，采用式(2-7)～式(2-13)和式(4-1)～式(4-6)分别计算制种玉米各生育阶段土壤水分变化量 ΔW、土体下界面水分交换量 D、作物蒸散量 ET、土壤根区总的有效水量 TAW、土壤根区实际有效水量 RAW 以及土壤根区水分消耗量 D_r。作物水盐生产函数计算过程中，参数 b、k_{yj} 未知，需要对这 2 个参数进行推求。在对参数 b、k_{yj} 推求过程中，假定 2012 年淡水充分灌溉处理(w1s1)的实测产量和实际蒸散量分别作为制种玉米可获得的最高产量 Y_m 和最大蒸散量 ET_m，利用 2012 年制种玉米田间试验各试验处理的实测产量 Y_a 和各生育阶段计算的实际蒸散量 ET_a，代入式(4-1)～式(4-3)，对作物水盐生产函数参数进行计算和率定。

图 4-11 为参数率定时制种玉米各生育阶段的蒸散量和产量的实测值与模拟值的比较。由图 4-11 可以看出，各生育阶段的蒸散量和产量的实测值与模拟值吻合较好，大部分点都在 1:1 线附近。率定结果与制种玉米的生长周期基本一致，即出苗-拔节阶段，制种玉米生长较缓慢，蒸散量也较小；拔节-孕穗阶段和孕穗-开花阶段，制种玉米快速生长，蒸散量逐渐增大；开花-灌浆阶段，制种玉米主要以生殖生长为主，玉米籽粒即将成熟，蒸散量也较大；灌浆-成熟阶段，制种玉米成熟并逐渐枯萎，蒸散量减小明显。表 4-6 为参数率定时制种玉米各生育阶段的蒸散量与产量的判别指标，由表 4-6 可知，各试验处理蒸散量的 RMSE 均在 10 mm 以下，蒸散量的 MRE 均在 25% 以内，产量的 RMSE 均在 600 kg/hm^2 以下，产量的 MRE 均在 15% 以内，均在允许误差范围之内。率定得到的作物水盐生产函数参数分别为 $b=6.72$、$k_{y1}=0.43$、$k_{y2}=0.82$、$k_{y3}=1.41$、$k_{y4}=0.65$、$k_{y5}=0.24$。

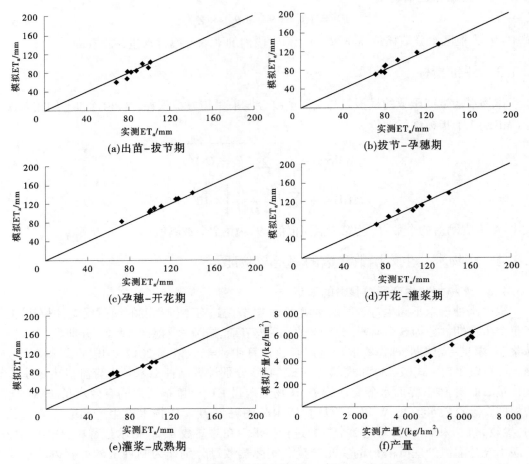

图 4-11 参数率定时制种玉米蒸散量与产量实测值与模拟值的比较

表 4-6 参数率定时制种玉米蒸散量与产量的判别指标

处理	蒸散量		产量	
	RMSE/mm	MRE/%	RMSE/(kg/hm²)	MRE/%
w1s2	6.15	22.97	116.32	1.79
w1s3	7.81	23.18	431.41	6.70
w2s1	6.07	23.12	530.24	8.17
w2s2	4.44	22.83	528.26	8.33
w2s3	3.29	21.32	360.42	6.28
w3s1	7.17	22.00	574.46	11.76
w3s2	5.42	20.74	568.22	12.19
w3s3	7.05	22.48	506.04	11.41

4.3.4.2　作物水盐生产函数参数的验证

利用 2013 年制种玉米田间试验各试验处理的实测产量 Y_a 和各生育阶段计算的实际蒸散量 ET_a，对作物水盐生产函数参数进行验证。图 4-12 为参数验证时制种玉米各生育阶段的蒸散量和产量实测值与模拟值的比较。由图 4-12 可知，各生育阶段的蒸散量和产量的实测值与模拟值吻合较好，大部分点都在 1:1 线附近。表 4-7 为参数验证时制种玉米蒸散量与产量的判别指标，由表 4-7 可知，各试验处理蒸散量的 RMSE 均在 10 mm 以下，蒸散量的 MRE 均在 25% 以内，产量的 RMSE 均在 800 kg/hm² 以下，产量的 MRE 均在 15% 以内，均在允许误差范围之内。率定与验证作物水盐生产函数参数显示，$k_{y3}>k_{y2}>k_{y4}>k_{y1}>k_{y5}$，这与制种玉米生长周期的变化规律类似。由此可知，不同生育阶段水盐胁迫对制种玉米产量的影响不同，在拔节-孕穗和孕穗-开花这两个阶段的参数值较大，这两个阶段水盐胁迫对制种玉米产量的反应敏感性较大；开花-灌浆阶段的参数值次之，这个阶段水盐胁迫对制种玉米产量也具有一定程度的反应敏感性；出苗-拔节和灌浆-成熟这两个阶段的参数值较小，这两个阶段水盐胁迫对制种玉米产量的反应敏感性较弱。率定与验

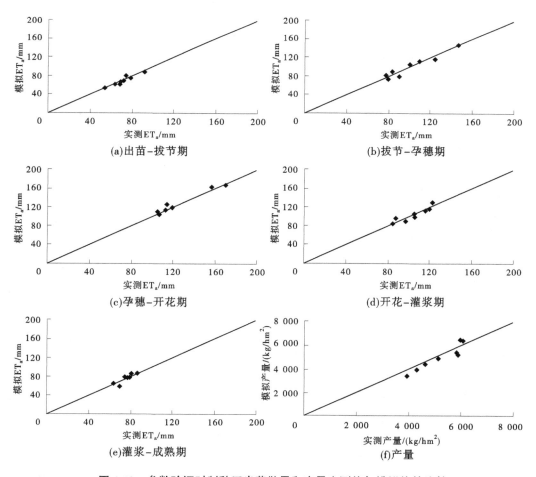

图 4-12　参数验证时制种玉米蒸散量和产量实测值与模拟值的比较

证结果表明,通过计算推求得到的作物水盐生产函数参数基本可靠,率定参数后的水盐生产函数能够较好地模拟研究区水盐胁迫条件下制种玉米的蒸散量和产量,可用于咸水非充分灌溉方案的模拟与优化,为研究区制种玉米咸水非充分灌溉制度的制定提供依据。

表 4-7　参数验证时制种玉米蒸散量与产量的判别指标

处理	蒸散量		产量	
	RMSE/mm	MRE/%	RMSE/(kg/hm^2)	MRE/%
w1s2	5.96	23.92	245.22	4.05
w1s3	5.43	23.49	429.64	7.21
w2s1	4.05	23.20	705.70	12.07
w2s2	5.96	22.66	445.90	7.73
w2s3	4.75	23.98	210.26	4.14
w3s1	5.20	24.53	203.81	4.43
w3s2	6.72	24.59	331.62	7.77
w3s3	2.23	21.71	495.19	12.65

4.4　盐分胁迫条件下制种玉米根系吸水模型

利用咸水资源进行农田灌溉一方面能够减少由干旱对农作物产量造成的损失,另一方面也会把盐分带入到土壤,使农田土壤环境发生变化,特别是在土壤耕作层中会累积大量的盐分,进而导致土壤次生盐碱化现象的发生。如果长时期利用咸水进行农田灌溉,会使大量的盐分富集在作物根系区附近,受盐分胁迫作用,会抑制农作物根系吸水,也会在一定程度上影响农作物的生长和产量。因此,在研究区开展盐分胁迫条件下制种玉米根系吸水规律的研究,对于提高当地咸水资源的利用效率、制订合理的灌溉施肥方案和改善农田水土环境具有重要的理论意义和实用价值。长时期利用咸水资源进行农田灌溉会导致土壤累积过量的盐分,且盐分主要累积在作物的根系区附近,由于溶质势阻碍作物根系吸水,从而会影响作物的正常生长。国内外研究人员就盐分胁迫对作物根系吸水的影响进行过研究。Feng 等(2003)针对不同灌溉水矿化度和不同灌水间隔时间的农田土壤盐分分布采用 ENVIRO-GRO 模型进行数值模拟,研究表明,咸水灌溉下根系深度对盐分分布具有重要的影响。罗长寿等(2001)采用数值迭代反求方法对苜蓿的根系吸水规律进行了模拟和分析,研究表明,土壤累积的盐分会明显降低苜蓿的根系吸水速率,当土壤溶液的电导率在 5 dS/m 左右时,对苜蓿的根系吸水具有较大的影响。国内外已做过大量关于盐分胁迫条件下作物根系吸水规律的研究,其中应用较普遍的是由 Feddes 提出的根系吸水模型。

本书通过设置不同灌溉水矿化度的咸水灌溉试验,引入 Feddes 提出的根系吸水模型,根据田间试验实测数据,推算该模型的各个参数,建立盐分胁迫条件下制种玉米根系吸水模型,为该研究区研究制种玉米生长条件下土壤水盐运动规律奠定基础。

4.4.1　根系吸水模型简介

Feddes 提出的根系吸水模型为

$$S(x,t) = \beta(\varphi_0) S_{\max} \tag{4-9}$$

式中:$S(x,t)$ 为仅在盐分胁迫下作物根系吸水速率,$cm^3/(cm^3 \cdot d)$;$\beta(\varphi_0)$ 为盐分胁迫修正因子,φ_0 为土壤水渗透势,cm;$S_{\max}$ 为最大根系吸水速率,$cm^3/(cm^3 \cdot d)$,表示在最优土壤水分(水分、养分充足,无盐分胁迫)条件下的根系吸水速率。

4.4.1.1　最大根系吸水速率 $S_{\max}$ 的计算方法

前人研究表明可以采用相对根长密度 $L_{nrd}(x,t)$ 和潜在蒸腾速率 T_p(单位为 cm/d)来计算最大根系吸水速率。即

$$S_{\max} = \frac{T_p L_{nrd}(x,t)}{L_r} \tag{4-10}$$

$$L_{nrd}(x,t) = \frac{L_d(x,t)}{\frac{1}{L_r} \int_0^{L_r} L_d(x,t)\,dx} \tag{4-11}$$

式中:L_r 为最大扎根深度,cm;$L_d(x,t)$ 为实测根长密度,cm/cm^3。

4.4.1.2　盐分胁迫修正因子 $\beta(\varphi_0)$ 的计算方法

Van Genuchten 等采用一种非线性方程,利用 S 形曲线函数来表示盐分胁迫修正因子。

$$\beta(\varphi_0) = \frac{1}{1 + \left(\dfrac{\varphi_0}{\varphi_{050}}\right)^p} \tag{4-12}$$

式中:φ_{050} 为根系吸水盐分胁迫修正因子等于 0.5 时所对应的渗透势的值,cm;p 为拟合参数。

4.4.2　根系吸水模型参数的推求

4.4.2.1　最大根系吸水速率 $S_{\max}$ 的计算

选择根系吸水时段 2,由于 s1 处理为淡水充分灌溉且灌溉水量为当地制种玉米的腾发量,所以可以认为 s1 处理的根系吸水速率为最大根系吸水速率。

潜在蒸腾速率 T_p 由式(4-13)估算:

$$T_p = ET_0 (1 - e^{-k LAI}) \tag{4-13}$$

式中:ET_0 为参考作物蒸散量,cm,由 FAO 推荐的 Penman-monteith 公式计算,计算结果为 0.412 cm/d;LAI 为叶面积指数,取值为 3.023 cm^2/cm^2;k 是植物冠层辐射衰减系数,无量纲,对于玉米而言,k 常取 0.4。计算结果得 $T_p = 0.29$ cm/d。

实测根长密度与土层深度的关系见图 4-13。经线性插值拟合后得到 $L_d(x,t) = -0.0119x + 1.0292$($x$ 为实测根长深度),制种玉米最大扎根深度为 100 cm。

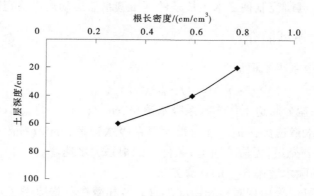

图 4-13　s1 处理根长密度分布

由式(4-10)和式(4-11)计算得

$$L_{nrd}(x,t) = -0.027\ 4x + 2.37$$

$$S_{max} = -0.795 \times 10^{-4}x + 0.687 \times 10^{-2}$$

4.4.2.2　盐分胁迫修正因子 $\beta(\varphi_0)$ 的计算

选择根系吸水时段 2，s2 处理的灌溉水矿化度为 3 g/L，为充分供水盐分胁迫处理，计算相应的蒸腾强度。

$$T_a = \int_0^{L_r} S\mathrm{d}x = \int_0^{L_r} \beta(\varphi_0)S_{max}\mathrm{d}x \tag{4-14}$$

$$T_p = \int_0^{L_r} S_{max}\mathrm{d}x \tag{4-15}$$

式中：T_a 为 s2 处理的实际蒸腾强度，cm/d；$T_a = \mathrm{ET}_p - E_p$，$\mathrm{ET}_p$ 为潜在蒸散强度，可由 Penman-monteith 公式求得，E_p 为潜在土面蒸发强度，cm/d，可由实测的土面蒸发强度表示。计算得到：$\mathrm{ET}_p = 0.40$ cm/d；$E_p = 0.12$ cm/d；所以 $T_a = 0.28$ cm/d。

理论上，$\beta(\varphi_0)$ 应为 S 与 S_{max} 的比值，由于 $\beta(\varphi_0)$ 无法实测，因此根据式(4-14)、式(4-15)将 T_a 与 T_p 的比值近似为盐分胁迫因子 $\beta(\varphi_0)$（φ_0 为主根系层土壤水渗透势的平均值）。则

$$\frac{T_a}{T_p} \approx \beta(\varphi_0) = 0.97 \tag{4-16}$$

而盐分胁迫修正因子 $\beta(\varphi_0)$ 的计算公式为

$$\beta(\varphi_0) = \frac{1}{1 + \left(\dfrac{\varphi_0}{\varphi_{050}}\right)^p}$$

式中：φ_0 为该时段平均土壤水渗透势，cm，由以下公式计算：

$$c_w = 6.7 \times 10^{-4}\mathrm{EC}_{1:5} \tag{4-17}$$

$$c_s = \frac{c_w v \gamma}{m\theta} \tag{4-18}$$

$$\varphi_0 = -5.63 \times 10^5 c_s \tag{4-19}$$

式中:c_w 为土壤浸出液盐分质量浓度,g/cm³;$EC_{1:5}$ 为土壤浸出液电导率,dS/m;c_s 为土壤溶液盐分质量浓度,g/cm³;v 为土壤浸提液的体积,cm³;γ 为土壤容重,g/cm³;m 为风干土的质量,g;θ 为体积含水率,cm³/cm³。

由式(4-17)~式(4-19)计算得到根系吸水阶段的 $\varphi_0 = -4\ 036.52$ cm。

则根据以上各式可以计算得出 $p = 5.49$,其中 $\varphi_{050} = -7\ 600$ cm。因此,盐分胁迫修正因子为

$$\beta(\varphi_0) = \cfrac{1}{1 + \left(\cfrac{\varphi_0}{-7\ 600}\right)^{5.49}}$$

4.4.3　根系吸水模型参数的验证

分别选择时段 1 中 s2 处理、s3 处理和时段 2 中 s3 处理对盐分胁迫修正因子 $\beta(\varphi_0)$ 的参数 p 进行验证。其验证结果见表 4-8。

表 4-8　参数 p 推算与验证时的 RMSE 和 MRE 值

时段	处理	φ_0 /cm	$\beta(\varphi_0)$	RMSE	MRE/%
时段 1	s2	−3 804.18	0.978	0.008	0.82
	s3	−4 589.86	0.940	0.030	3.09
时段 2	s3	−5 206.05	0.890	0.080	8.25

模型参数 p 的推算和验证过程时的吻合程度可以采用均方根误差(RMSE)和平均相对误差(MRE)来评价:

$$RMSE = \sqrt{(P_i - O_i)^2} \tag{4-20}$$

$$MRE = \left|\frac{P_i - O_i}{O_i}\right| \times 100\% \tag{4-21}$$

式中:O_i 为模型参数推算值;P_i 为模型参数的验证值。

由表 4-8 可知,时段 1 中 s2 处理、s3 处理与时段 2 中 s3 处理的 RMSE<0.10,MRE<10%,在允许的误差范围 20% 之内,因此盐分胁迫修正因子 $\beta(\varphi_0) = 0.97$ 是合理的,从而盐分胁迫修正因子的参数 p 为 5.49。所以,盐分胁迫条件下制种玉米根系吸水模型为

$$S(x,t) = \cfrac{1}{1 + \left(\cfrac{\varphi_0}{-7\ 600}\right)^{5.49}}(-0.795 \times 10^{-4}x + 0.687 \times 10^{-2})$$

4.5　本章小结

通过在石羊河流域开展为期 2 年咸水非充分灌溉田间试验,研究了咸水非充分灌溉对土壤水盐动态、制种玉米生长及水分利用效率的影响,构建了水盐胁迫条件下制种玉米

水盐生产函数和盐分胁迫条件下制种玉米根系吸水模型。主要结论如下：

（1）土壤剖面含水率的分布主要受到灌溉水量、作物根系吸水和土壤质地的影响，灌水量相同时，不同盐分处理之间的土壤剖面水分分布基本一致，灌溉水矿化度对土壤剖面含水率分布的影响不明显；灌水量不同时，非充分灌溉各处理含水率比充分灌溉处理含水率明显偏低。相同灌溉水矿化度条件下，充分灌溉处理 0~120 cm 土层平均含水率高于非充分灌溉处理；相同灌水量条件下，咸水灌溉处理 0~120 cm 土层平均含水率高于淡水灌溉处理。

（2）咸水非充分灌溉后盐分在土壤中的累积程度由灌溉水矿化度和咸水使用时间决定，盐分在土壤中的累积量随着灌溉水矿化度的增大而增加。淡水灌溉条件下各处理土壤全盐量累积量均表现出脱盐量大于积盐量；灌溉水矿化度为 6 g/L 的咸水灌溉条件下，各处理土壤全盐量累积量均表现出积盐量大于脱盐量；而灌溉水矿化度为 3 g/L 的微咸水灌溉条件下，各处理土壤全盐量累积量两年时间变化规律不明显，采用矿化度为 3 g/L 的微咸水进行长时间灌溉，盐分累积规律还需进一步的研究。

（3）制种玉米株高随着灌溉水量的减少而降低，相同灌溉水量不同灌溉水矿化度下，盐分胁迫对制种玉米株高的生长产生了不利的影响，随着灌溉水矿化度的增加株高增加得越缓慢；水盐联合胁迫下对制种玉米株高产生了严重的影响。制种玉米叶面积指数变化规律与株高变化规律类似，不同的是水分胁迫对制种玉米 LAI 影响不大。相同灌溉水量的条件下，制种玉米产量随着灌溉水矿化度的提高逐渐减小；2013 年 3 g/L 和 6 g/L 咸水灌溉条件下，轻度缺水灌溉处理的产量比充分灌溉处理更高，说明适宜的水分亏缺反而可以增加产量。非充分灌溉使制种玉米的耗水量减少，水分胁迫对制种玉米耗水的影响处于主导地位，重度缺水灌溉条件下的影响尤为显著，而灌溉水矿化度对制种玉米的耗水量影响较小，盐分胁迫对制种玉米耗水的影响将随着咸水使用时间的增长而增强。适度非充分灌溉有利于提高制种玉米的水分利用效率，但过度的缺水灌溉会使水分利用效率表现出下降的趋势；制种玉米的水分利用效率随着灌溉水矿化度的增加而降低。

（4）在作物水盐参数率定与验证过程中，制种玉米各生育阶段的蒸散量和产量的实测值与模拟值吻合较好，各试验处理蒸散量的 RMSE 均在 10 mm 以下，蒸散量的 MRE 均在 25% 以内，产量的 RMSE 均在 800 kg/hm² 以下，产量的 MRE 均在 15% 以内，均在允许误差范围之内；率定与验证得到的作物水盐生产函数的参数分别为 $b = 6.72$、$k_{y1} = 0.43$、$k_{y2} = 0.82$、$k_{y3} = 1.41$、$k_{y4} = 0.65$、$k_{y5} = 0.24$，产量影响因子参数 k_y 较好地反映了不同生育阶段水盐胁迫对制种玉米产量影响的敏感性，得到水盐胁迫条件下制种玉米水盐生产函数。

（5）通过计算相对根长密度和潜在蒸腾速率，推算得到最优灌水条件下的最大根系吸水速率；通过计算蒸腾强度与土壤渗透势，推算得到咸水充分灌溉条件下的盐分胁迫修正因子，并对盐分胁迫修正因子的参数 p 进行了验证，参数 p 推算和验证过程时的 RMSE 在 0.10 以下，RME 在 10% 以下，在允许的误差范围之内。建立了盐分胁迫条件下制种玉米根系吸水模型，为研究制种玉米生长条件下土壤水盐运动规律奠定基础。

第 5 章　咸水灌溉条件下 土壤水盐运动 SWAP 模型模拟

石羊河流域农业发展高度依赖灌溉,在淡水资源短缺的形势下,利用当地地下咸水进行补充灌溉,可有效缓解当地农业用水矛盾。然而,随着咸水灌溉的实施运用,土壤盐分将增加,农田土壤环境将发生改变,影响作物的生长。由于田间试验条件的局限性和影响因素较复杂,很难全面开展各种咸水灌溉试验研究农田水盐运动规律,利用数值模型模拟农田水盐运动规律已成为一种有效的研究手段。其中,由荷兰 Wageningen 农业大学开发的 SWAP(Soil-Water-Atmosphere-Plant) 模型以土壤水分运动的基本方程——Richard 方程及溶质运移对流弥散方程为基础,同时考虑土壤蒸发、作物蒸腾以及根系吸水等界面过程,适用于多层土壤,可以用来模拟田间尺度下土壤-水分-大气-植物系统中水分、溶质和热量运移过程以及作物的生长进程,能够深入分析农田土壤水量平衡与盐分累积规律,是进行土壤水盐运动和作物生长模拟的有效工具,在许多不同地区得到了广泛应用。因此,可利用农业水文 SWAP 模型模拟咸水灌溉条件下土壤水盐动态及作物生长过程。本章在石羊河流域 2013—2014 年制种玉米咸水灌溉试验资料的基础上,对 SWAP 模型土壤水分模块、溶质运移模块以及作物生长模块的参数进行率定和验证,并利用率定后的 SWAP 模型模拟制种玉米农田土壤(0~100 cm)水盐变化,分析制种玉米现状灌溉条件下的土壤水盐平衡状况,并对不同矿化度的咸水灌溉模拟与预测、咸淡水轮灌模式模拟与预测以及咸水非充分灌溉制度模拟与优化,得到研究区较适宜的咸水灌溉利用模式和灌溉制度,可为研究区水资源高效利用和农业可持续发展提供理论依据。

5.1　SWAP 模型简介

SWAP 模型是由荷兰 Wageningen 大学开发的一种用于模拟田间尺度下土壤水分、溶质和热量在土壤-植物-大气-作物系统(SPAC 系统)中运移及作物生长过程的综合模型。SWAP 模型是由土壤水分运移、溶质运移、土壤蒸发、植物腾发、热量传输和作物生长等六个模块组成,各个模块并不相互独立,而是相互影响,是宏观 SPAC 系统的集中体现。该模型的上边界位于植物冠层上方,下边界位于地下水系统(饱和层)的上部,分别考虑大气环境因素和地下水动态变化的影响。在非饱和带中,SWAP 模型假定水流运动的主方向是垂直的,水流运动主要按垂直一维运动考虑,在垂直方向上,SWAP 模型将土层分为不同的单元,在每个单元上,耦合求解水分及溶质运动方程和热量传输方程。SWAP 模型的早期版本是由 Feddes 等(1978)在 1978 年开发的 SWATR(Soil Water Actual Transpiration Rate)模型。这一模型为有作物生长条件下的土壤水分运动模拟模型,适用于多层土壤,并且能够考虑地下水位动态变化的影响。在后来的 20 多年中,该模型经过不断的改进完善,增加了更多的系统边界条件、作物生长模拟、土壤膨胀收缩效应和溶质运移等内容,形成了 SWAP2.0 版本模型。SWAP2.0 版本为经典的有可视化操作界面的版本,SWAP3.0 以后的版本均没有可视化操作界面,目前已经发展到 SWAP4.2 版本,该模型各个版本的程序、原理说明及实用指南都可以在 SWAP 官网免费下载,方便用户使用,本书采用较经典的 SWAP2.07 版本。SWAP 模型主要原理如下。

5.1.1　水分运动模块

土壤水分运动采用包括根系吸水和侧向排水的 Richards 方程来模拟非饱和度土壤的水流运动,方程如下:

$$\frac{\partial \theta}{\partial t} = \frac{\partial}{\partial z}\left[K(h)\left(\frac{\partial h}{\partial z} + 1\right)\right] - S_a(h) - S_d(h) - S_m(h) \tag{5-1}$$

式中:θ 是土壤体积含水率,cm^3/cm^3;t 是时间,d;K 是土壤导水率,cm/d;h 是土壤压力水头,cm;z 是垂向坐标,向上为正;$S_a(h)$ 是作物根系吸水速率,$cm^3/(cm^3 \cdot d)$;$S_d(h)$ 是排水速率,$cm^3/(cm^3 \cdot d)$;$S_m(h)$ 是与大孔隙的交换速率,$cm^3/(cm^3 \cdot d)$。

5.1.2　溶质运动模块

溶质的运移主要受到扩散、对流和弥散作用的控制。在灌溉农田条件下,扩散通量远小于弥散通量,故忽略扩散作用对溶质运动的影响。溶质运移主要采用对流-弥散方程表示:

$$J = qc - \theta(D_{dif} + D_{dis})\frac{\partial c}{\partial z} \tag{5-2}$$

式中:J 为总溶质通量浓度,$g/(cm^2 \cdot d)$;q 为在边界处的垂向水流通量,cm/d;c 为溶质浓度,g/cm^3;D_{dif} 为溶质扩散系数,cm^2/d;D_{dis} 为溶质弥散系数,cm^2/d;$\partial c/\partial z$ 为溶质浓度梯度。

5.1.3　作物生长模块

SWAP 模型模拟的作物生长过程是采用 WOFOST 作物生长模型,其中包括简单作物模型和详细作物模型。简单作物模型是静态模型,只描述作物最终产量与水分的关系。简单作物模型计算作物的实际产量与潜在产量的比值为相对产量,运用各生育阶段相对产量连乘的数学模型表示整个生育阶段的相对产量。其计算公式如下:

$$1 - \frac{Y_{a,k}}{Y_{p,k}} = K_{y,k}\left(1 - \frac{T_{a,k}}{T_{p,k}}\right) \tag{5-3}$$

式中:$Y_{a,k}$ 为各生育阶段作物实际产量,kg/hm^2;$Y_{p,k}$ 为各生育阶段作物最大产量,kg/hm^2;$T_{a,k}$、$T_{p,k}$ 为各生育阶段实际蒸腾量和最大蒸腾量,cm;$K_{y,k}$ 为各生育阶段产量反应系数;k 为作物不同生育阶段。

$$\frac{Y_a}{Y_p} = \sum_{k=1}^{n}\left(\frac{Y_{a,k}}{Y_{p,k}}\right) \tag{5-4}$$

式中:Y_a 为整个生育阶段累积作物实际产量,kg/hm^2;Y_p 为整个生育期累积最大产量,kg/hm^2;n 为作物不同生育期阶段的数量。

　　详细作物模型具有能够分别模拟实际干物质产量和潜在干物质产量的优势,根据作物冠层吸收的入射辐射和叶片光合特性,通过计算在最佳条件下作物潜在的总的同化速率 A_{pgross} 来模拟干物质生长速率,公式如下:

$$A_{pgross} = A_{max}\left(1 - e^{\dfrac{\varepsilon_{PAR} PAR_{L,a}}{A_{max}}}\right) \tag{5-5}$$

式中:A_{max} 为最大同化速率,$kg \cdot CO_2/(hm^2 \cdot d)$;$\varepsilon_{PAR}$ 为光利用效率,$kg \cdot CO_2/J$;$PAR_{L,a}$ 为在 L 深度处的冠层吸收辐射的速率,$J/(m^2 \cdot d)$。

　　水盐联合胁迫作用下,SWAP 模型描述的作物根系吸水过程是根据作物潜在根系吸水速率,引入水分胁迫修正系数和盐分胁迫修正系数相乘进行计算的。计算公式如下:

$$S_p(z) = \frac{T_p}{D_{root}} \tag{5-6}$$

$$S_a(z) = a_{rw} a_{rs} S_p(z) \tag{5-7}$$

式中:$S_p(z)$ 为作物潜在根系吸水速率,$cm^3/(cm^3 \cdot d)$;T_p 为潜在腾发速率,cm/d;D_{root} 为作物根系深度,cm;$S_a(z)$ 为作物的实际根系吸水速率,$cm^3/(cm^3 \cdot d)$;a_{rw} 为水分胁迫修正系数;a_{rs} 为盐分胁迫修正系数。

5.1.4　农田排水模块

　　排水通量作为一个源汇项包含在 Richards 方程的数值解中,采用的排水方程如下:

$$q_{drain} = \frac{\Phi_{gwl} - \Phi_{drain}}{\gamma_{drain}} \tag{5-8}$$

式中:q_{drain} 为排水流量,cm/d;Φ_{gwl} 为暗管之间的地下水位,cm;Φ_{drain} 为排水压力水头,cm;γ_{drain} 为排水阻力,d。

　　SWAP 模型将饱和-非饱和带土壤剖面概化为均质,排水管的位置在不透水层之上,采用具有等效深度的 Hooghoudt 公式表示:

$$\gamma_{drain} = \frac{L_{drain}^2}{8K_{prof}D_{eq} + 4K_{prof}(\Phi_{gwl} - \Phi_{drain})} + \gamma_{entr} \tag{5-9}$$

式中:L_{drain} 为暗管间距,cm;K_{prof} 为水平饱和导水率,cm/d;D_{eq} 为等效深度,cm;γ_{entr} 为进入排水管的入口阻力,d。

5.2　模型率定与验证

　　利用 2013 年制种玉米咸水灌溉田间试验观测数据对 SWAP 模型进行率定,2014 年田间试验观测数据用于模型的验证。

5.2.1　模型数据输入

5.2.1.1　气象数据

　　模型计算的气象资料从中国农业大学石羊河流域农业与生态节水试验站的自动气象

站下载采集逐日气象观测数据。

5.2.1.2　灌溉数据

2013—2014 年制种玉米生育期的灌溉资料见第 2 章表 2-2 和表 2-3。

5.2.1.3　作物数据

本书采用简单作物模型,制种玉米的株高和叶面积指数采用咸水灌溉试验实际观测值,制种玉米最大根系深度为 100 cm,中间缺少的数据根据作物株高数据进行插值,根据实际观测数据分别建立作物株高、叶面积指数、根长等与制种玉米生长阶段(DVS)的关系。作物模块输入的参数初始值参考蒋静博士学位论文中春玉米相关参数的经验值(见表 5-1)。

表 5-1　作物模型中输入的相关参数

模型参数	制种玉米
根系能够从土壤中吸收水分时的土壤水水势上限 h_1/cm	−15.0
上层根系吸水项不受水分胁迫影响时的土壤水水势上限 h_{21}/cm	−30.0
所有根系吸水项不受水分胁迫影响时的土壤水水势上限 h_{22}/cm	−30.0
在高气压下根系吸水项不受水分胁迫影响时的土壤水水势上限 h_{3h}/cm	−325.0
在低气压下根系吸水项不受水分胁迫影响时的土壤水水势上限 h_{3l}/cm	−600.0
根系停止吸水时土壤水水势(调萎点)h_4/cm	−8 000.0
最小冠层阻力 r_{crop}/(s/m)	20.0
降雨植物截留系数	0.25
产生盐分胁迫时土壤含盐量的临界值 EC_{sat}/(dS/m)	1.7
盐分胁迫引起的根系吸水系数的变化比率 EC_{slope}/[%/(dS/m)]	10.0

5.2.1.4　土壤数据

试验地 0~100 cm 土层的土壤质地及理化参数见表 2-1。土壤水分特征曲线参数采用试验测定的数据(见表 5-2)。模拟土层深度为 100 cm,共 32 个单元格。最小和最大的时间步长分别设定为 10^{-5} d 和 0.03 d。将制种玉米播种前的土壤含水率根据土壤水分特征曲线换算成压力水头作为初始土壤水分数据。

表 5-2　初始土壤水力特性参数

土层深度/cm	残留含水率 θ_r/(cm³/cm³)	饱和含水率 θ_s/(cm³/cm³)	饱和导水率 K_s/(cm/d)	形状参数 α	形状参数 n	形状参数 γ
0~20	0.065	0.36	10.24	0.014	1.19	0.5
20~40	0.065	0.36	10.24	0.014	1.19	0.5
40~100	0.065	0.37	5.58	0.019	1.19	0.5

5.2.1.5　溶质运移参数

制种玉米播种前的土壤盐分作为初始土壤盐分,溶质运移模块输入参数初始值参考蒋静博士学位论文中春玉米溶质运移参数的率定值(见表 5-3)。

表 5-3　土壤溶质运移参数

溶质运移参数	取值
降雨矿化度/(g/L)	0
分子扩散系数/(cm²/d)	0.5
溶质弥散度/cm	10
根系吸收溶质系数	0
自由水和吸附水之间的溶质交换率/d⁻¹	0.01

5.2.1.6　边界条件

模型上边界条件为气象因素决定的降雨、蒸发、作物蒸腾以及灌溉等。研究区地下水位埋深大于 25 m,不考虑地下水的补给作用,下边界条件设定为自由排水边界。

5.2.2　模型率定准则

在模型率定与验证过程中,模拟值和实测值的吻合程度采用均方根误差(RMSE)和平均相对误差(MRE)两个指标评价。

$$\text{RMSE} = \sqrt{\frac{1}{N} \sum_{i=1}^{N} (P_i - O_i)^2} \tag{5-10}$$

$$\text{MRE} = \frac{1}{N} \sum_{i=1}^{N} \left| \frac{P_i - O_i}{O_i} \right| \times 100\% \tag{5-11}$$

式中:N 为观测值的个数;O_i 为第 i 个观测值;P_i 为第 i 个相应的模拟值。

5.2.3　模型率定与验证结果

5.2.3.1　土壤水分模块

根据土壤各土层含水率的模拟值与实测值的对比,相应调整各土层的土壤水力特性参数,使土壤含水率的模拟值与实测值尽可能吻合,并使两者之间的 RMSE 值和 MRE 值较小。图 5-1、图 5-2 分别为率定与验证过程中,不同时期土壤含水率模拟值与实测值的比较,从图 5-1、图 5-2 中可以看出,土壤含水率模拟值与实测值吻合较好,土壤含水率模拟值基本上反映了实测值的变化过程。表 5-4、表 5-5 分别为模型率定和验证阶段土壤含水率模拟值与实测值的误差统计分析表。由表 5-4、表 5-5 可知,各处理土壤含水率的 RMSE 值均在 0.15 cm³/cm³ 以下,MRE 值均低于 20%,在允许的误差范围之内,模拟效果较好。率定与验证后的土壤水力特性参数结果见表 5-6。模拟结果表明,率定和验证后的 SWAP 模型能够较好地模拟研究区土壤水分动态变化。

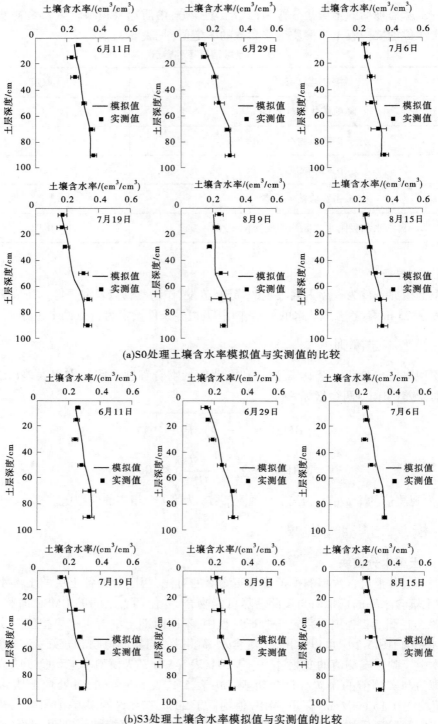

(a)S0处理土壤含水率模拟值与实测值的比较

(b)S3处理土壤含水率模拟值与实测值的比较

图 5-1　不同时期土壤含水率模拟值与实测值的比较(2013 年率定)

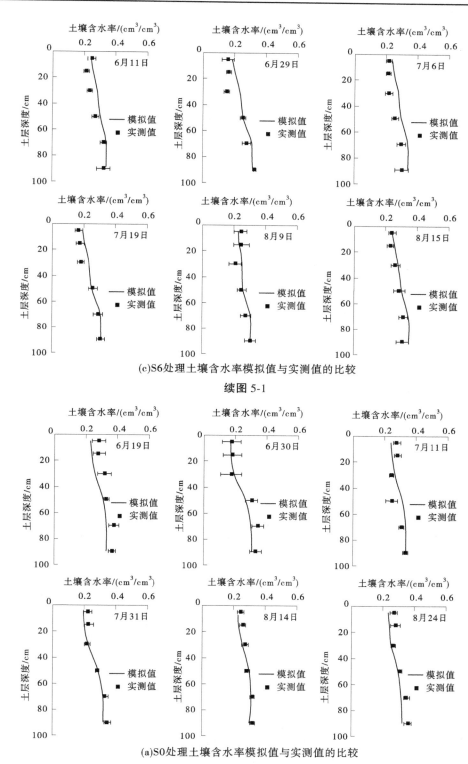

(c)S6处理土壤含水率模拟值与实测值的比较

续图 5-1

(a)S0处理土壤含水率模拟值与实测值的比较

图 5-2　不同时期土壤含水率模拟值与实测值的比较(2014 年验证)

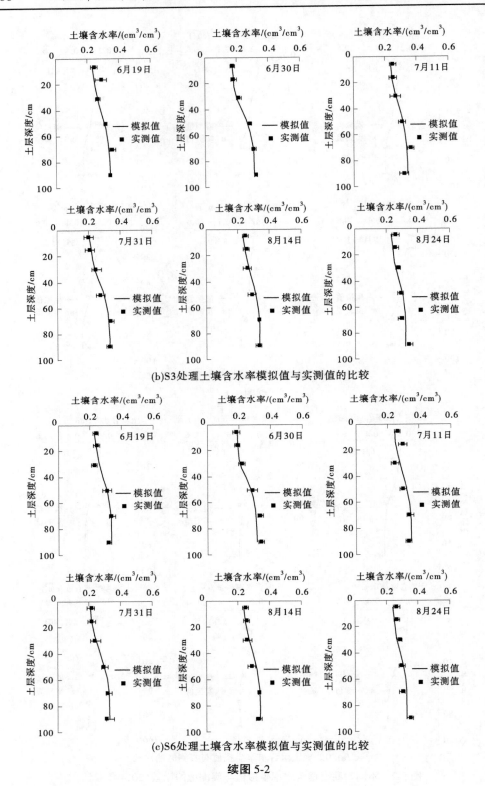

(b)S3处理土壤含水率模拟值与实测值的比较

(c)S6处理土壤含水率模拟值与实测值的比较

续图 5-2

表 5-4　土壤含水率模拟结果误差统计分析 (2013 年率定)

项目	日期 (年-月-日)	S0	S3	S6	项目	日期 (年-月-日)	S0	S3	S6
RMSE/ (cm³/cm³)	2013-06-11	0.05	0.05	0.07	MRE/%	2013-6-11	7.45	6.97	9.89
	2013-06-29	0.02	0.05	0.10		2013-06-29	3.27	8.59	18.72
	2013-07-06	0.03	0.07	0.09		2013-07-06	4.52	9.42	15.89
	2013-07-19	0.08	0.05	0.07		2013-07-19	9.77	8.82	11.39
	2013-08-09	0.07	0.03	0.06		2013-08-09	13.11	4.09	8.13
	2013-08-15	0.02	0.07	0.05		2013-08-15	3.38	9.80	6.94

表 5-5　土壤含水率模拟结果误差统计分析 (2014 年验证)

项目	日期 (年-月-日)	S0	S3	S6	项目	日期 (年-月-日)	S0	S3	S6
RMSE/ (cm³/cm³)	2014-06-19	0.11	0.06	0.04	MRE/%	2014-06-19	14.00	5.80	4.44
	2014-06-30	0.06	0.02	0.04		2014-06-30	8.21	2.93	4.39
	2014-07-11	0.09	0.03	0.06		2014-07-11	12.60	3.93	7.61
	2014-07-31	0.04	0.03	0.02		2014-07-31	6.27	4.13	2.86
	2014-08-14	0.04	0.03	0.06		2014-08-14	6.32	4.29	5.31
	2014-08-24	0.07	0.04	0.06		2014-08-24	9.80	6.92	5.30

表 5-6　率定与验证后的土壤水力特性参数

土层深度/ cm	残留含水率 θ_r/(cm³/cm³)	饱和含水率 θ_s/(cm³/cm³)	饱和导水率 K_s/(cm/d)	形状参数 α	形状参数 n	形状参数 γ
0~20	0.055	0.34	30.81	0.024	1.402	0.5
20~40	0.044	0.38	31.66	0.022	1.408	0.5
40~100	0.095	0.39	12.00	0.020	1.310	0.5

5.2.3.2　土壤溶质运移模块

　　根据各土层土壤含盐量的模拟值与实测值的对比,相应地调整溶质运移参数,使土壤含盐量模拟值与实测值尽可能吻合,并使两者之间的 RMSE 值和 MRE 值较小。图 5-3、图 5-4 分别为率定与验证过程中不同时期土壤含盐量模拟值与实测值的比较。从图 5-3、图 5-4 中可以看出,各时期土壤含盐量模拟值与实测值吻合较好,部分处理表层土壤含盐量吻合性略差,这主要是表层土壤受到灌溉和降雨等因素的影响,土壤盐分变化明显,但土壤含盐量模拟值基本上能够反映实测值的变化过程。表 5-7、表 5-8 分别为模型率定和验证阶段土壤含盐量模拟值与实测值的误差统计分析表。由表 5-7、表 5-8 可知,各处理土壤含盐量的 RMSE 值均在 5.5 mg/cm³ 以下,MRE 值均低于 25%,在允许的误差范围之内,模拟效果较好。溶质运移模块率定和验证后得到的分子扩散系数为 0.5 cm²/d,弥散度为 14.5 cm。模拟结果表明,率定和验证后的 SWAP 模型能够较好地模拟研究区土壤盐分动态变化。

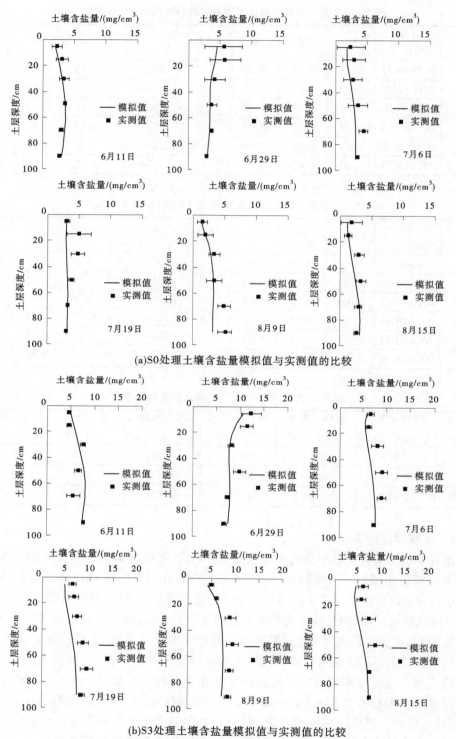

(a)S0处理土壤含盐量模拟值与实测值的比较

(b)S3处理土壤含盐量模拟值与实测值的比较

图 5-3　不同时期土壤含盐量模拟值与实测值的比较(2013 年率定)

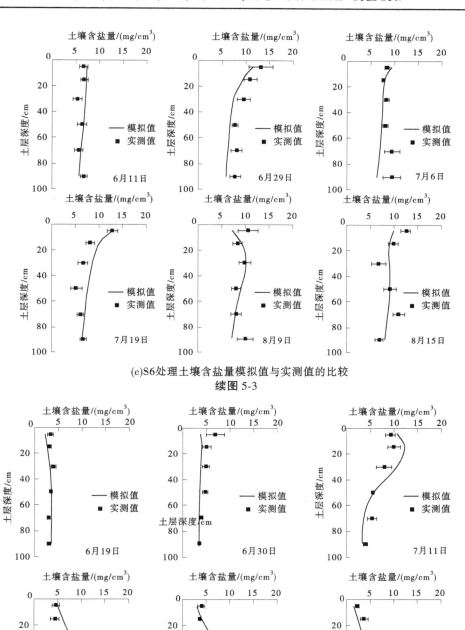

(c)S6处理土壤含盐量模拟值与实测值的比较

续图 5-3

(a)S0处理土壤含盐量模拟值与实测值的比较

图 5-4　不同时期土壤含盐量模拟值与实测值的比较(2014 年验证)

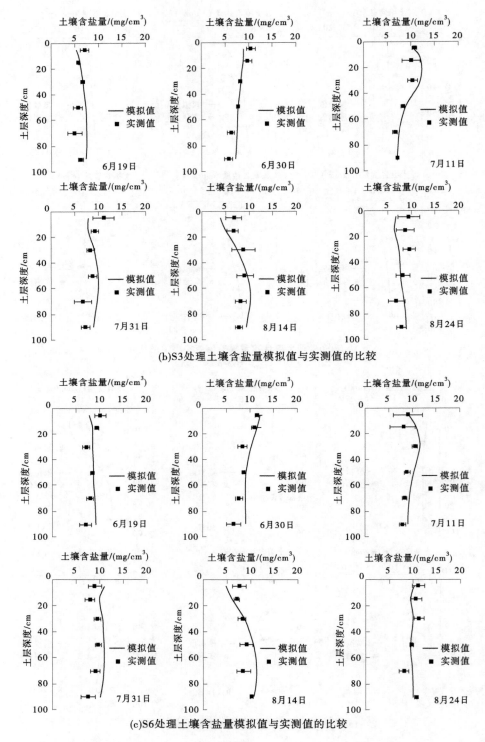

(b)S3处理土壤含盐量模拟值与实测值的比较

(c)S6处理土壤含盐量模拟值与实测值的比较

续图 5-4

表 5-7　土壤含盐量模拟结果误差统计分析(2013 年率定)

项目	日期 (年-月-日)	S0	S3	S6	项目	日期 (年-月-日)	S0	S3	S6
RMSE/ (mg/cm³)	2013-06-11	0.98	3.10	2.10	MRE/%	2013-06-11	13.44	18.30	13.66
	2013-06-29	1.97	5.01	3.98		2013-06-29	13.08	16.02	18.98
	2013-07-06	1.88	3.51	3.29		2013-07-06	22.51	15.56	15.55
	2013-07-19	2.70	4.21	3.63		2013-07-19	17.17	22.42	18.90
	2013-08-09	1.94	3.31	3.75		2013-08-09	18.33	15.42	14.17
	2013-08-15	1.66	3.95	4.19		2013-08-15	21.28	19.50	16.76

表 5-8　土壤含盐量模拟结果误差统计分析(2014 年验证)

项目	日期 (年-月-日)	S0	S3	S6	项目	日期 (年-月-日)	S0	S3	S6
RMSE/ (mg/cm³)	2014-06-19	1.61	3.54	3.21	MRE/%	2014-06-19	19.04	20.64	16.74
	2014-06-30	3.79	2.38	2.69		2014-06-30	20.41	12.51	15.66
	2014-07-11	4.08	2.92	3.49		2014-07-11	20.09	10.40	14.67
	2014-07-31	3.09	4.87	3.85		2014-07-31	22.53	21.79	21.41
	2014-08-14	2.48	4.13	4.38		2014-08-14	20.90	21.79	18.75
	2014-08-24	2.20	4.64	2.66		2014-08-24	20.78	20.31	9.81

5.2.3.3　作物生长模块

制种玉米株高模拟值与实测值的比较见图 5-5、图 5-6。从图 5-5、图 5-6 中可以看出,制种玉米株高模拟值与实测值吻合较好,模拟值基本上能够反映实测值的变化过程。2014 年制种玉米株高大于 2013 年制种玉米的株高,这主要是由于不同品种的制种玉米的影响,导致制种玉米株高的差异,制种玉米在苗期–抽穗期,株高逐渐增加,此时制种玉米以生殖生长为主,在抽穗期以后株高呈现略微下降的趋势,主要是制种玉米抽穗期后以营养生长为主,制种玉米叶片逐渐枯萎。在率定与验证过程中,制种玉米株高模拟值和实测值的 RMSE 值均在 3.0 cm 以下,MRE 值均低于 15%,在合理的误差范围之内,模拟效果较好。模拟结果表明,率定和验证后的 SWAP 模型能够较好地模拟制种玉米株高的变化规律。

制种玉米叶面积指数模拟值与实测值的比较见图 5-7、图 5-8。从图 5-7、图 5-8 中可以看出,制种玉米叶面积指数模拟值与实测值吻合较好,模拟值基本上能够反映实测值的变化过程。制种玉米在苗期–抽穗期,叶面积指数逐渐增加,在抽穗期后呈现略微下降的趋势,制种玉米的叶片有逐渐枯萎的趋势。在率定与验证过程中,制种玉米叶面积指数模拟值和实测值的 RMSE 值均在 1.0 cm²/cm² 以下,MRE 值均低于 15%,在允许的误差范围之内,模拟效果较好。模拟结果表明,率定和验证后的 SWAP 模型能够较好地模拟作物叶面积指数的变化规律。

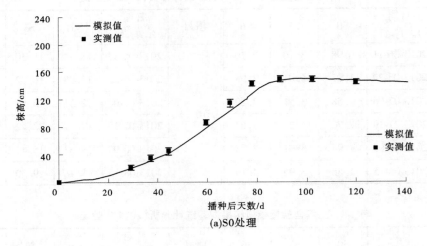

(a)S0处理

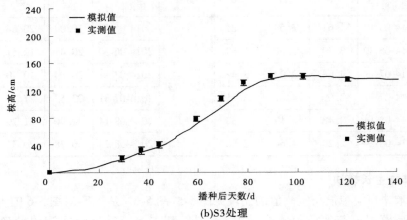

(b)S3处理

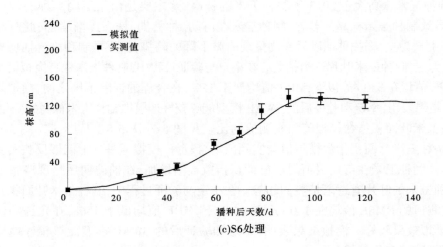

(c)S6处理

图 5-5　不同处理株高模拟值与实测值的比较(2013 年率定)

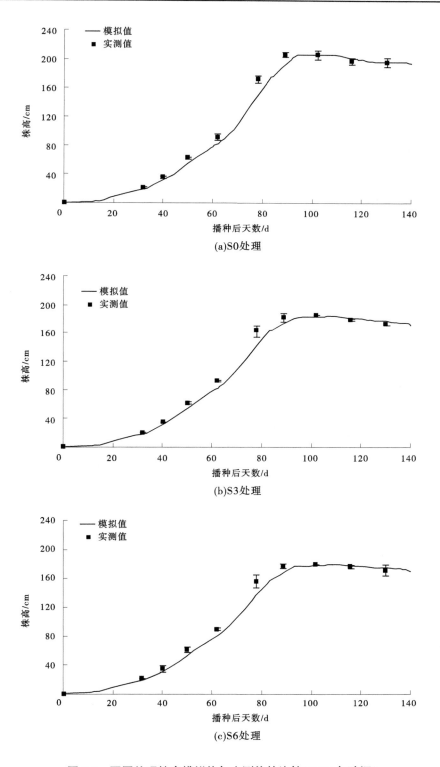

(a)S0处理

(b)S3处理

(c)S6处理

图 5-6　不同处理株高模拟值与实测值的比较(2014 年验证)

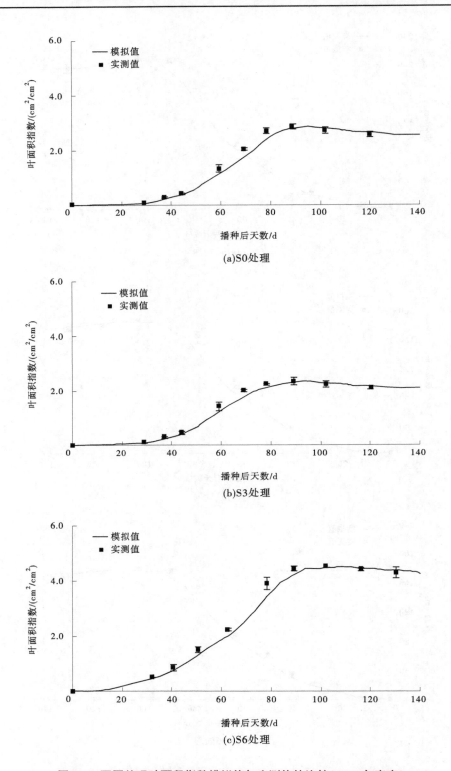

图 5-7　不同处理叶面积指数模拟值与实测值的比较 (2013 年率定)

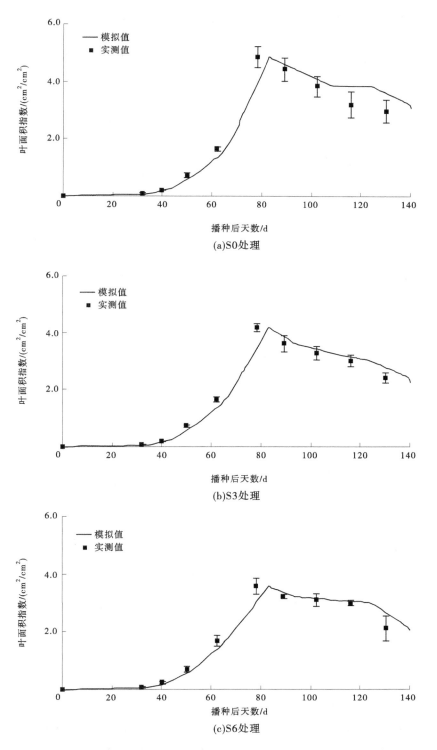

(a)S0处理

(b)S3处理

(c)S6处理

图 5-8　不同处理叶面积指数模拟值与实测值的比较 (2014 年验证)

作物生长模块采用简单作物模型,SWAP 模型模拟得出的产量结果为相对产量。根据 2013—2014 年两年田间试验 S0 处理获得的最大产量(6 303.4 kg/hm²),假定该产量为石羊河流域制种玉米可获得的最大产量,根据 SWAP 模型模拟得到的相对产量与最大产量进行换算,可得到各处理的模拟产量。各处理模拟产量与实测产量见图 5-9。由图 5-9 可以看出,除 2014 年 S0 处理制种玉米模拟产量略低于实测产量外,其余处理的制种玉米模拟产量与实测产量基本一致。在率定与验证过程中,制种玉米产量模拟值与实测值的 RMSE 值在 1 000 kg/hm² 以下,MRE 值均低于 15%,在允许的误差范围之内,模拟效果较好。作物生长模块率定后得到的最小冠层阻力为 20 s/m,产生盐分胁迫时土壤含盐量的临界值为 1.7 dS/m,盐分胁迫引起的根系吸水系数的变化比率为 4.0%。模拟结果表明,率定与验证后的 SWAP 模型能够模拟研究区制种玉米的产量。

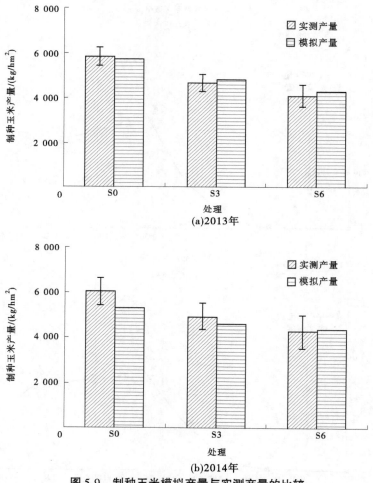

图 5-9　制种玉米模拟产量与实测产量的比较

以上对 SWAP 模型参数率定与验证结果表明,率定和验证后的 SWAP 模型可用于研究区模拟制种玉米咸水灌溉农田土壤水盐动态及作物产量,分析咸水灌溉条件下土壤水盐通量变化及其平衡状况,为研究区合理利用地下咸水资源提供理论依据。

5.3　咸水灌溉土壤水盐通量模拟

制种玉米最大根系深度为 100 cm,本书模拟土层深度取 0～100 cm,可包括制种玉米所有的根系,且 0～100 cm 也是土壤贮水的主要土层,由 SWAP 模型模拟得到的土壤水分通量、盐分通量能够直接反映 0～100 cm 土层的土壤水盐动态和变化特征,能够进一步分析咸水灌溉条件下土壤水盐平衡状况。

5.3.1　土壤水分通量模拟结果

2013 年和 2014 年制种玉米农田土壤(0～100 cm)底部水分通量模拟结果见图 5-10。

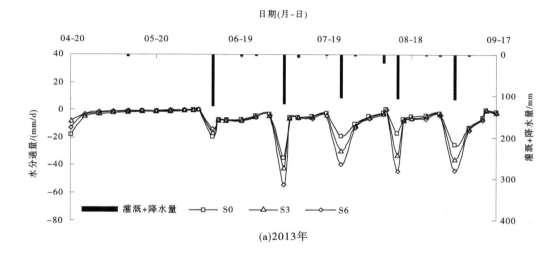

(a)2013年

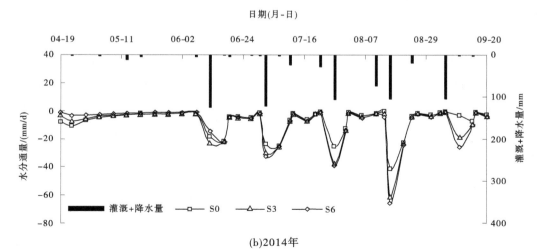

(b)2014年

图 5-10　不同处理土壤水分通量模拟结果

由图 5-10 可以看出,两年时间制种玉米生育期土壤水分通量主要以向下运动为主,特别是在 5 次灌溉后土壤水分通量向下渗漏明显,这主要是当地充分灌溉时灌溉水量较大,未被作物利用的多余水分往土壤深层渗漏,2013 年最大水分通量发生在第 2 次灌溉,S6 处理最大水分通量达 -54.3 mm/d,2014 年最大水分通量发生在第 4 次灌溉,S6 处理最大水分通量达 -65.53 mm/d。制种玉米生育初期土壤水分通量向下运动,这主要是在制种玉米播种前进行了春灌,受春灌的影响,土壤水分通量向下运动,研究区由于地下水位埋深大,土壤水分通量不受地下水的影响,因此在制种玉米生育期内,根系层土壤水分通量主要向下运移。不同灌溉水矿化度处理之间,水分通量有所差异,灌溉水矿化度越高,向下渗漏的水分通量越大,这主要是灌溉水矿化度越高,盐分胁迫作用会抑制作物根系吸水,减少了作物耗水量,使更多的水分往土壤深层渗漏,如 2013 年第 3 次灌溉后,S3 处理、S6 处理土壤水分通量分别比 S0 处理增加了 9.9 mm/d 和 20.23 mm/d,2014 年第 4 次灌溉后,S3 处理、S6 处理土壤水分通量分别比 S0 处理增加了 19.05 mm/d 和 23.59 mm/d。

　　2013 年和 2014 年制种玉米农田土壤(0~100 cm)底部水分通量累积量模拟结果见图 5-11。由图 5-11 可以看出,制种玉米生育期内土壤水分通量累积量逐渐增加,由于研究区制种玉米进行充分灌溉,灌溉水量较大,且为使制种玉米籽粒饱满,获得更高的产量和经济收入,在制种玉米成熟期增加了 1 次灌溉,制种玉米生育期共灌溉了 5 次,从而使土壤水分通量累积量较大。不同灌溉水矿化度之间,同样表现出随着灌溉水矿化度的增加,土壤水分通量累积量逐渐增大,如 2013 年制种玉米收获时,S3 处理、S6 处理土壤水分通量累积量分别比 S0 处理增加了 56.11 mm 和 89.47 mm,2014 年制种玉米收获时,S3 处理、S6 处理土壤水分通量累积量分别比 S0 处理增加了 59.76 mm 和 60.25 mm。

5.3.2　土壤盐分通量模拟结果

　　2013 年和 2014 年制种玉米农田土壤(0~100 cm)底部盐分通量模拟结果见图 5-12。由图 5-12 可以看出,土壤盐分通量模拟结果具有与水分通量模拟结果相类似的规律,在 5 次灌溉后根系层土壤盐分通量向下渗漏明显,大量的盐分被淋洗至深层土壤,其中灌溉水矿化度越高的处理,向下渗漏的土壤盐分通量越大,如 2013 年第 5 次灌溉后,S3 处理、S6 处理土壤盐分通量分别比 S0 处理增加了 18.53 mg/(cm² · d) 和 29.23 mg/(cm² · d),2014 年第 4 次灌溉后,S3 处理、S6 处理土壤盐分通量分别比 S0 处理增加了 30.15 mg/(cm² · d) 和 41.75 mg/(cm² · d)。

　　2013 年和 2014 年制种玉米农田土壤(0~100 cm)底部盐分通量累积量模拟结果见图 5-13。由图 5-13 可以看出,制种玉米生育期内土壤盐分通量累积量逐渐增加,并且随着灌溉水矿化度的增加,土壤盐分通量累积量逐渐增大,如 2013 年制种玉米收获时,S3 处理、S6 处理土壤盐分通量累积量分别比 S0 处理增加了 146.71 mg/cm² 和 170.91 mg/cm²,2014 年制种玉米收获时,S3 处理、S6 处理土壤盐分通量累积量分别比 S0 处理增加了 162.5 mg/cm² 和 227.5 mg/cm²。2014 年制种玉米生育期结束时,土壤盐分通量累

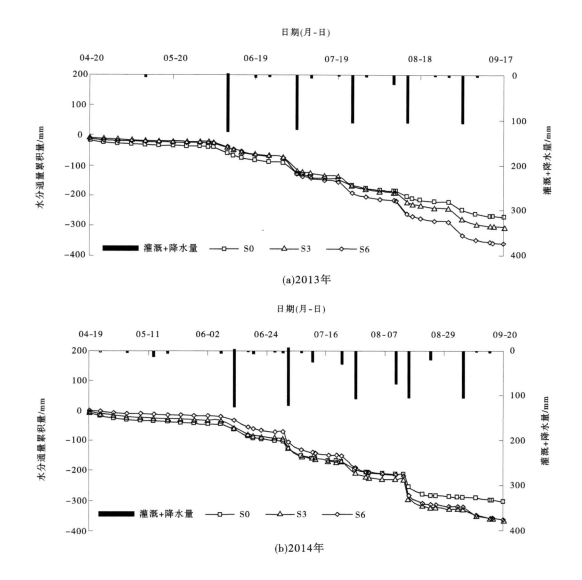

图 5-11　不同处理土壤水分通量累积量模拟结果

积量比 2013 年土壤盐分通量累积量更大,这主要是两年持续进行咸水灌溉,在制种玉米根系层积累了更多的盐分,且 2014 年是丰水年份,制种玉米生育期降水量为 146.6 mm,2013 年是枯水年份,降水量仅为 64.6 mm,更多的土壤盐分被淋洗至根系层以下,因此2014 年制种玉米生育期结束时土壤盐分通量累积量更大。

5.3.3　土壤水盐平衡模拟结果

2013 年和 2014 年制种玉米生育期内农田土壤(0~100 cm)水盐平衡模拟结果见

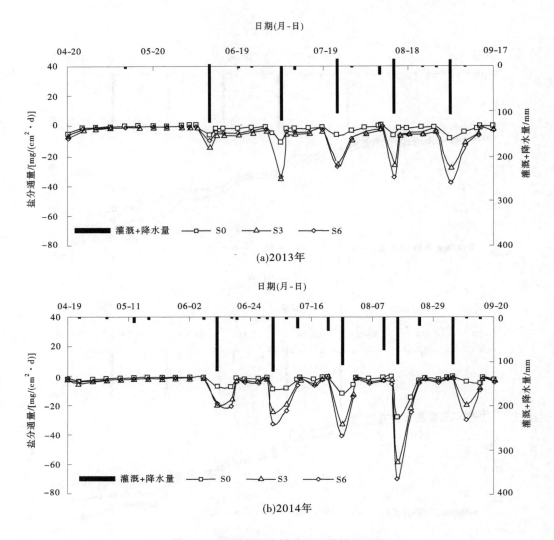

图 5-12　不同处理土壤盐分通量模拟结果

表 5-9。由表 5-9 可知,随着灌溉水矿化度的增加,制种玉米腾发量逐渐减小、土壤水分消耗量逐渐减小、底部向下渗漏的水分通量及盐分通量逐渐增加、灌溉带入的盐分逐渐增加。但制种玉米根系层土壤盐分变化量在两年模拟期间内略有不同,除 2013 年 S6 处理根系层积盐外,其他处理均表现出根系层土壤脱盐的情况,其中 2013 年 S3 处理脱盐量最大为 65.20 mg/cm²,2014 年 S3 处理脱盐量最大为 137.80 mg/cm²,两年模拟期内灌溉带入的盐分能够全部淋洗至深层土壤。制种玉米根系层土壤盐分变化情况主要受灌溉和降雨的影响,2014 年为丰水年份,制种玉米生育期内降水量为 146.6 mm,淋洗水量较大,能够把灌溉带入的土壤盐分淋洗至深层土壤,S6 处理则表现出脱盐,而 2013 年为枯水年份,制种玉米生育期内降水量仅为 64.6 mm,淋洗水量不能全部把灌溉带入土壤盐分淋洗

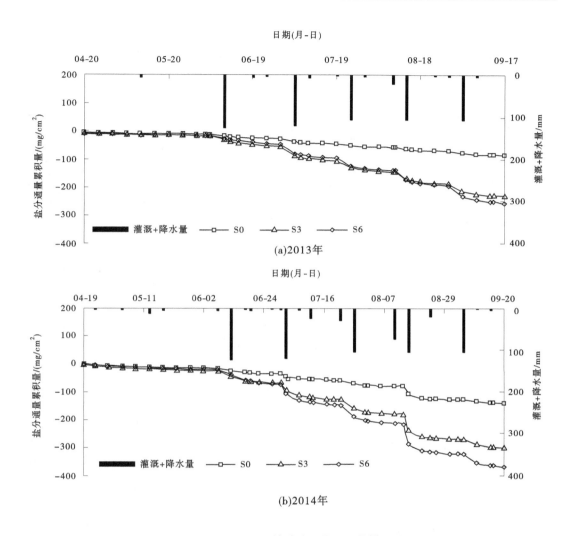

图 5-13　不同处理土壤盐分通量累积量模拟结果

至深层土壤,土壤盐分则在根系层累积,S6 处理则表现出积盐的现象。由于研究区制种玉米生育期灌溉了 5 次,且灌水量较大,淋洗水量也较大,在制种玉米现状灌溉和降水量条件下,能够把 3.0 g/L 和 6.0 g/L 的咸水灌溉带入的盐分全部淋洗至深层土壤,不会造成土壤盐分累积,但灌水量较大容易造成水资源的浪费,研究区为我国西北干旱区,水资源十分短缺,从节水灌溉角度考虑,应该改变研究区制种玉米现状条件下的灌溉制度。因此,在研究区需要从合理利用地下咸水资源和节水灌溉两方面考虑,优化咸水灌溉的利用模式和灌溉制度。

表 5-9　不同处理土壤水盐平衡模拟结果

| 年份 | 处理 | 土壤水分平衡 | | | | | | 土壤盐分平衡 | | |
		灌溉量/ mm	降水量/ mm	叶面截留量/ mm	腾发量/ mm	水分通量/ mm	土壤水分变化量/ mm	灌溉带入量/ (mg/cm²)	盐分通量/ (mg/cm²)	土壤盐分变化量/ (mg/cm²)
2013	S0	555.0	64.6	6.7	392.7	−272.0	−51.8	39.40	−84.99	−45.59
	S3	555.0	64.6	5.8	328.0	−305.3	−19.5	166.50	−231.70	−65.20
	S6	555.0	64.6	4.1	265.3	−361.5	−11.3	333.00	−255.90	77.10
2014	S0	555.0	146.6	13.3	499.3	−304.0	−115.0	39.40	−141.60	−102.20
	S3	555.0	146.6	11.3	415.8	−363.9	−89.4	166.50	−304.30	−137.80
	S6	555.0	146.6	10.7	392.5	−364.5	−66.1	333.00	−369.50	−36.50

注:土壤水分变化量为负,表示土壤水分被消耗;水分通量为负,表示土壤水分向下渗漏;盐分通量为负,表示土壤盐分向下运动;土壤盐分变化量为负,表示土壤盐分被淋洗。

5.4　不同矿化度的咸水灌溉模拟与预测

5.4.1　不同矿化度的咸水灌溉农田土壤水盐动态分析

石羊河流域农业生产高度依赖灌溉,在地表淡水资源短缺的形势下,应合理利用地下咸水资源,缓解当地农业生产用水矛盾。咸水灌溉若利用不当,会造成土壤盐分大量累积,改变农田水土环境,影响作物的生长,威胁农业生产的可持续发展。咸水灌溉若灌溉水量过大,也会造成水资源的浪费,不利于农业节水灌溉的发展。因此,有必要研究当地作物咸水灌溉利用模式,制定合理的灌溉制度,最大限度地利用地下咸水资源,获得较高的作物产量。由于田间试验受各种因素的制约,并且费时费力,很难全面开展各种矿化度的咸水灌溉试验。利用率定后的 SWAP 模型可以对不同矿化度的咸水灌溉进行模拟,以便掌握各种矿化度的咸水灌溉对土壤水盐动态及作物生长的影响,为咸水灌溉的合理利用提供理论依据。本次模拟拟定的灌溉水矿化度分别为 0.71 g/L(淡水灌溉,对照处理)、1.0 g/L、2.0 g/L、3.0 g/L、4.0 g/L、5.0 g/L、6.0 g/L、7.0 g/L 和 8.0 g/L。由于石羊河流域地处干旱地带,降雨稀少,枯水年份、平水年份和丰水年份有效降水量年际之间差别不大,在模拟过程中,气象数据是采用平均年法($P=50\%$),根据 1960—2014 年的降雨资料进行降雨频率分析,得出 $P=50\%$ 的典型年份,对应的年份是 2011 年,制种玉米生育期内降水量为 118.8 mm;根据当地灌溉经验和前人的研究结果,制种玉米生育期内一般灌溉 5 次或者 4 次,灌溉 5 次主要是为了使制种玉米收获时籽粒饱满,获得更高的产量和经济收入,在制种玉米成熟期增加了 1 次灌溉。本次模拟不考虑第 5 次灌溉,按照制种玉米生育期内需水量进行灌溉,即生育期内共灌溉 4 次,灌溉定额为 450 mm,其中苗期(6月 5 日)灌溉 120 mm、拔节期(6 月 30 日)灌溉 120 mm、抽穗期(7 月 20 日)灌溉 105 mm、灌浆期(8 月 10 日)灌溉 105 mm;模拟时采用 2013 年田间试验 S0 处理的初始土壤含水量、初始土壤含盐量和作物生长资料;模拟土层深度为 0~100 cm。根据上述条件,利用率定参数后的 SWAP 模型分别对上述 9 种矿化度的咸水灌溉进行模拟。

图 5-14 为不同矿化度的咸水灌溉 0~100 cm 土层的土壤含水率模拟结果。由图 5-14 可以看出,虽然灌溉水量相同,但不同矿化度灌溉水的土壤水分分布略有不同,即随着灌溉水矿化度的增加,土壤含水率会逐渐增大,这主要是较高矿化度的咸水灌溉盐分胁迫严重,抑制作物根系吸水,使较多的水分存留在土壤中,且灌溉水矿化度越高,土壤含水量越大。0.71 g/L、1.0 g/L 和 2.0 g/L 这 3 种低矿化度灌溉水的土壤含水率基本一致,说明低矿化度灌溉水下的土壤含水率变化不明显。

图 5-15 为不同矿化度的咸水灌溉 0~100 cm 土层的土壤含盐量模拟结果。由图 5-15 可以看出,随着灌溉水矿化度的增加,土壤含盐量逐渐升高,制种玉米生育期结束时,0.71 g/L、1.0 g/L 和 2.0 g/L 这 3 种矿化度灌溉水下的土壤含盐量基本一致,3.0 g/L、4.0 g/L、5.0 g/L、6.0 g/L、7.0 g/L 和 8.0 g/L 分别比 0.71 g/L 的土壤含盐量增加了 3.73 g/L、5.03 g/L、6.20 g/L、7.23 g/L、8.18 g/L 和 9.05 g/L,说明低矿化度的咸水灌溉土壤盐分累积量较少,高矿化度的咸水灌溉土壤盐分累积量较大。

图 5-16 为不同矿化度的咸水灌溉 100 cm 深度处土层底部水分通量模拟结果,其中负号表示通量向下,箭头表示灌溉。由图 5-16 可以看出,在作物生育期土层底部水分通量主要是向下渗漏,特别是在 4 次灌溉期间比较明显,随着灌溉水矿化度的增加,向下的水分通量逐渐增大,这主要是灌溉水矿化度越高,由于盐分胁迫作用抑制作物根系吸水,更多的水分往深层土壤渗漏,灌溉带入的水分没有被作物充分利用而向下渗漏流走。

图 5-17 为不同矿化度的咸水灌溉 100 cm 深度处土层底部盐分通量模拟结果。盐分通量具有与水分通量类似的变化规律,即随着灌溉水矿化度的增加,向下的盐分通量逐渐增大,在 4 次灌溉期间,盐分通量变化明显,盐分随着水分的渗漏而向下运移,且灌溉水矿化度越高,水分渗漏量越大,向下的盐分运移量也越大。

5.4.2　不同矿化度的咸水灌溉农田土壤水盐平衡分析

表 5-10 为不同矿化度的咸水灌溉农田土壤水盐平衡模拟结果。以土壤盐分增加量少、制种玉米产量和水分利用效率高为原则,来寻求研究区较适宜的灌溉水矿化度。由表 5-10 可知,0.71 g/L、1.0 g/L 和 2.0 g/L 这 3 种矿化度的咸水灌溉土壤盐分增加量在 50 mg/cm² 以下,制种玉米的产量在 5 168 kg/hm² 以上,制种玉米的水分利用效率在 1.00 kg/m³ 以上,因此这 3 种低矿化度的微咸水在研究区可以用来灌溉。6.0 g/L、7.0 g/L 和 8.0 g/L 这 3 种高矿化度的咸水灌溉土壤盐分增加量在 180 mg/cm² 以上,与 0.71 g/L 的淡水灌溉模拟产量相比,制种玉米产量减产幅度在 28% 以上,制种玉米的水分利用效率在 0.95 kg/m³ 以下,因此这 3 种高矿化度的咸水不适宜在研究区用于灌溉。3.0 g/L、4.0 g/L 和 5.0 g/L 这 3 种中等矿化度的咸水灌溉土壤盐分增加量在 80~160 mg/cm²,制种玉米减产幅度在 12.5%~23.0%,制种玉米的水分利用效率为 0.95~0.98 kg/m³,与前 3 种低矿化度的咸水灌溉相比效果略差。因此,短时期可以利用 3.0~5.0 g/L 的咸水进行灌溉,但这 3 种矿化度的咸水是否能够长时期用于灌溉,还需要进一步的研究。

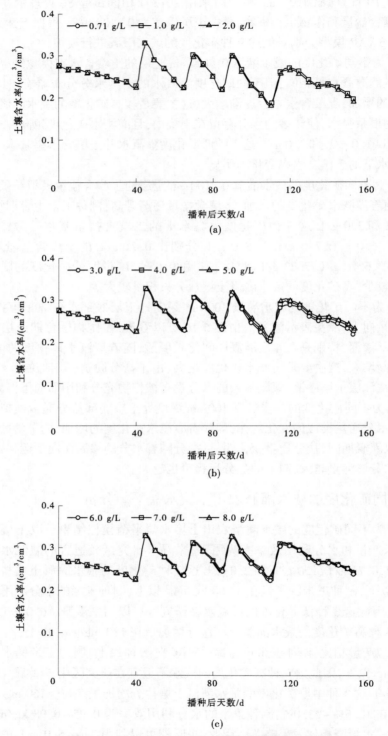

图 5-14　0~100 cm 土层的土壤含水率模拟结果

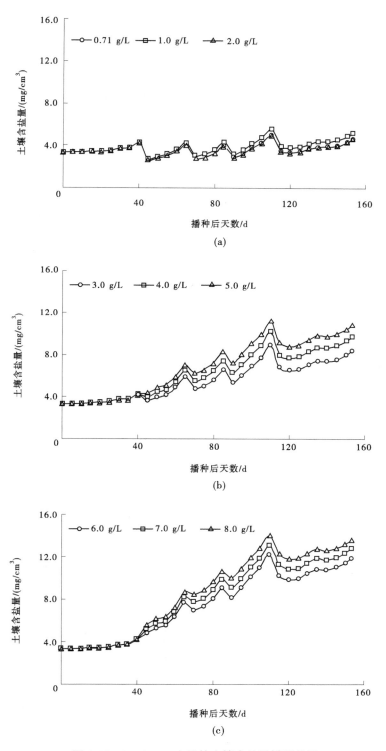

图 5-15　0~100 cm 土层的土壤含盐量模拟结果

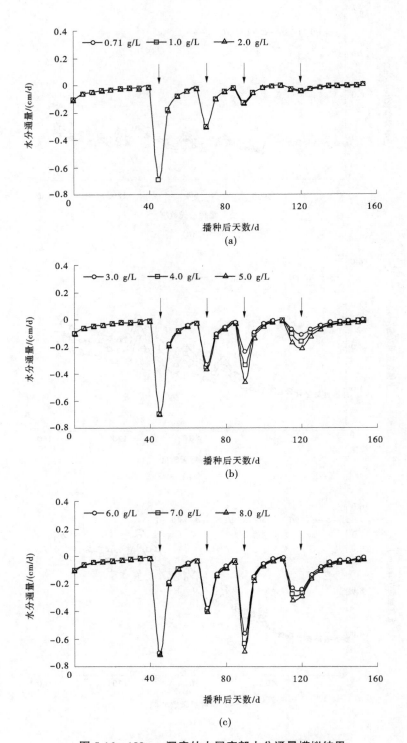

图 5-16　100 cm 深度处土层底部水分通量模拟结果

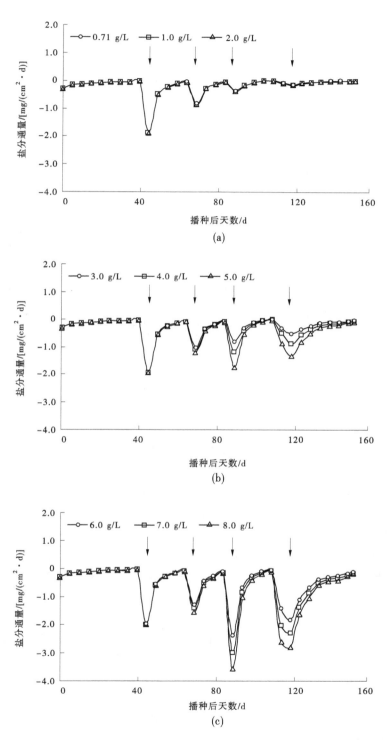

图 5-17　100 cm 深度处土层底部盐分通量模拟结果

表 5-10　不同矿化度的咸水灌溉农田土壤水盐平衡模拟结果

| 灌溉水矿化度/（g/L） | 土壤水分平衡 | | | | | 土壤盐分平衡 | | | 产量/（kg/hm²） | 水分利用效率/（kg/m³） |
	灌溉量/mm	降雨-叶面截留量/mm	土壤水分变化量/mm	水分通量/mm	腾发量/mm	灌溉带入量/（mg/cm²）	盐分通量/（mg/cm²）	土壤盐分增加量/（mg/cm²）		
0.71	450	108.4	−108.1	−118.1	548.4	31.95	−35.95	−4.00	5 546.96	1.01
1.0	450	108.4	−104.2	−120.3	542.3	45.00	−36.75	8.25	5 483.92	1.01
2.0	450	108.4	−91.3	−129.9	519.8	90.00	−40.67	49.33	5 168.76	1.00
3.0	450	108.4	−81.0	−142.4	497.0	135.00	−46.61	88.39	4 853.59	0.98
4.0	450	108.4	−73.3	−157.1	474.6	180.00	−55.19	124.81	4 538.42	0.96
5.0	450	108.4	−67.6	−173.6	452.4	225.00	−66.86	158.14	4 286.28	0.95
6.0	450	108.4	−63.1	−190.7	430.8	270.00	−81.49	188.51	3 971.12	0.92
7.0	450	108.4	−59.6	−207.8	410.2	315.00	−98.57	216.43	3 718.98	0.90
8.0	450	108.4	−56.7	−224.4	390.7	360.00	−117.80	242.20	3 466.85	0.89

注：土壤水分变化量为负，表示土壤水分被消耗；水分通量为负，表示土壤水分向下渗漏；盐分通量为负，表示土壤盐分向下运动；土壤盐分增加量为正，表示土壤盐分累积。下同。

5.4.3　较长时期土壤盐分及制种玉米产量模拟

3.0 g/L、4.0 g/L 和 5.0 g/L 这 3 种矿化度的咸水在研究区是否可以较长时期内利用，还需要利用 SWAP 模型对上述 3 种矿化度的咸水灌溉进行相应的模拟。在模拟过程中，初始土壤含水量、初始土壤含盐量、灌溉制度和气象资料不变，以每一年末的土壤含水量和土壤含盐量模拟结果作为下一年度的初始条件，将上述 3 种矿化度的咸水灌溉连续模拟 5 年。图 5-18 为上述 3 种矿化度的咸水灌溉模拟 5 年内 0～100 cm 土层土壤盐分动态变化。由图 5-18 可以看出，随着咸水灌溉年数的增加，上述 3 种矿化度的咸水灌溉，土壤含盐量均有不同程度的增加，而且早期土壤含盐量增幅较大，后期土壤含盐量增幅较小，在第 5 年末 3 种矿化度的咸水灌溉土壤含盐量基本达到平稳状态，3.0 g/L、4.0 g/L 和 5.0 g/L 这 3 种中等矿化度的咸水灌溉土壤盐分分别比初始土壤含盐量增加了 9.76 mg/cm³、10.95 mg/cm³ 和 11.94 mg/cm³。

图 5-19 为上述 3 种矿化度的咸水灌溉模拟 5 年内制种玉米产量变化。由图 5-19 可以看出，随着咸水灌溉年数的增加，3 种矿化度的咸水灌溉制种玉米产量均有一定程度的下降，而且早期制种玉米减产幅度较大，后期制种玉米减产幅度较小，在第 5 年后制种玉米产量基本达到平稳状态，3.0 g/L、4.0 g/L 和 5.0 g/L 的咸水灌溉下制种玉米产量分别为 4 097.18 kg/hm²、3 718.98 kg/hm² 和 3 403.81 kg/hm²，分别比初始 0.71 g/L 淡水灌溉的模拟产量减少了 26.14%、32.95% 和 38.64%。其中，3.0 g/L 的咸水灌溉运行第 1～5 年分别比初始 0.71 g/L 的模拟产量减少了 12.5%、23.86%、25.0%、26.14% 和 26.14%。

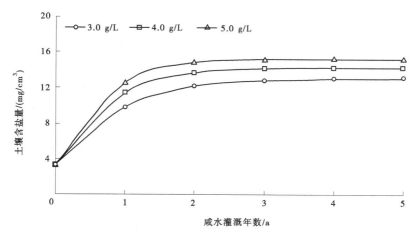

图 5-18　模拟 5 年内 0~100 cm 土层土壤盐分变化

由此可见,长时期利用 3.0~5.0 g/L 的咸水灌溉土壤盐分会逐渐增加,对制种玉米的产量影响较大,5 年后的制种玉米减产幅度均在 25% 以上,因此不宜长时期利用 3.0 g/L 以上的咸水进行灌溉。这与吴忠东等在黄淮海平原地区开展多年连续使用 3.0 g/L 的咸水灌溉对冬小麦的影响的研究结果一致。因此,在研究区可以短时期利用 3.0~5.0 g/L 的咸水进行灌溉,但 3.0~5.0 g/L 的咸水不适宜长时期利用。

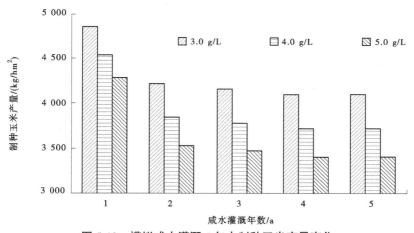

图 5-19　模拟咸水灌溉 5 年内制种玉米产量变化

5.5　咸淡水轮灌模式模拟与预测

5.5.1　咸淡水轮灌农田土壤水盐平衡分析

国内外利用咸水进行农田灌溉,主要方式有直接利用咸水灌溉、咸淡水混灌和咸淡水轮灌。不同的咸水灌溉利用方式,其效果一般不同。由于在石羊河流域下游地区存在渠灌和井灌联合利用的灌溉方式,因此在石羊河流域可采用咸淡水轮灌方式。本书设置不同的咸淡水轮灌方案(见表 5-11),模拟不同咸淡水轮灌农田土壤水盐过程。本次模拟按照制种玉米生育期内需水量进行灌溉,生育期内共灌溉 4 次,灌溉定额为 450 mm,即苗期(6 月 5 日)灌溉 120 mm、拔节期(6 月 30 日)灌溉 120 mm、抽穗期(7 月 20 日)灌溉 105 mm、灌浆期(8 月 10 日)灌溉 105 mm;制种玉米第 1 次灌溉时间为制种玉米苗期阶段,该阶段制种玉米抗盐能力较差,为了使制种玉米在生育前期顺利生长,第 1 次灌溉各方案均拟定为淡水灌溉,咸淡水轮灌只是在第 2 次、第 3 次和第 4 次这 3 次灌溉期间进行。因此,根据这 3 次灌溉的咸淡水轮灌方式以及设置的 3.0 g/L、6.0 g/L 两种矿化度灌溉水对咸淡水轮灌利用模式进行模拟。模拟时,气象资料采用平水年份($P=50\%$)的气象资料,即采用 2011 年的气象数据,初始土壤含水量与土壤含盐量、制种玉米生长资料与 2013 年田间试验 S3 处理、S6 处理实测数据一致;模拟土层深度为 0~100 cm。根据上述条件,利用率定后的 SWAP 模型分别对 12 种咸淡水轮灌方案进行模拟,表 5-11 为模拟不同咸淡水轮灌方案的土壤水盐平衡模拟结果。以土壤盐分增加量少和制种玉米产量高为原则,综合进行较优咸淡水轮灌模式的筛选。

表 5-11 不同咸淡水轮灌方案的土壤水盐平衡模拟结果

灌溉水矿化度/(g/L)	轮灌方案	土壤水分平衡					土壤盐分平衡			产量/(kg/hm²)
		灌溉量/mm	降雨-叶面截留量/mm	土壤水分变化量/mm	水分通量/mm	腾发量/mm	灌溉带入量/(mg/cm²)	盐分通量/(mg/cm²)	土壤盐分增加量/(mg/cm²)	
3.0	淡-淡-咸	450.0	107.2	-93.7	-95.9	555.0	57.06	-84.21	-27.15	4 727.5
	淡-咸-淡	450.0	107.2	-92.5	-96.9	552.8	60.49	-85.11	-24.62	4 664.5
	咸-淡-淡	450.0	107.2	-92.7	-98.9	551.0	60.49	-86.86	-26.37	4 664.5
	淡-咸-咸	450.0	107.2	-88.0	-97.4	547.8	84.54	-85.57	-1.03	4 664.5
	咸-淡-咸	450.0	107.2	-88.2	-99.4	546.0	84.54	-87.35	-2.81	4 601.5
	咸-咸-淡	450.0	107.2	-86.9	-100.8	543.3	87.97	-88.72	-0.75	4 601.5
6.0	淡-淡-咸	450.0	107.9	-61.6	-93.8	525.7	88.56	-108.60	-20.04	4 601.5
	淡-咸-淡	450.0	107.9	-61.5	-98.1	521.3	96.49	-112.70	-16.21	4 538.4
	咸-淡-淡	450.0	107.9	-63.4	-103.1	518.2	96.49	-118.30	-21.81	4 475.4
	淡-咸-咸	450.0	107.9	-51.8	-100.6	509.1	152.00	-115.30	36.70	4 412.4
	咸-淡-咸	450.0	107.9	-53.7	-105.6	506.0	152.00	-121.00	31.00	4 349.3
	咸-咸-淡	450.0	107.9	-54.3	-112.3	499.9	160.00	-128.20	31.80	4 286.3

由表 5-11 可知,3.0 g/L 的微咸水条件下,2 淡 1 咸轮灌方案中,淡-淡-咸模式下的土壤盐分增加量为−27.15 mg/cm²,土壤盐分增加量为最少,制种产量为 4 727.5 kg/hm²,产量为最高;2 咸 1 淡轮灌方案中,淡-咸-咸模式下的土壤盐分增加量为−1.03 mg/cm²,土壤盐分增加量为较少,制种玉米产量为 4 664.5 kg/hm²,产量为最高。6.0 g/L 的咸水条件下,2 淡 1 咸轮灌方案中,淡-淡-咸模式下的土壤盐分增加量为−20.04 mg/cm²,土壤盐分增加量为较少,制种产量为 4 601.5 kg/hm²,产量为最高;2 咸 1 淡方案下各轮灌模式的土壤盐分增加量均高于 30.0 mg/cm²,土壤盐分增加量均较大,制种玉米产量均低于 4 500 kg/hm²,制种玉米减产较大,故不考虑。因此,3.0 g/L 微咸水条件下,采用淡-淡-咸和淡-咸-咸两种咸淡水轮灌方案为较优轮灌模式;6.0 g/L 咸水条件下,采用淡-淡-咸的咸淡水轮灌方案为较优轮灌模式。

5.5.2　较长时期土壤盐分及制种玉米产量模拟

通过 SWAP 模型对不同咸淡水轮灌方案进行模拟,已经筛选出了制种玉米 3 种较优的咸淡水轮灌模式。但上述 3 种较优咸淡水轮灌模式是否可以在研究区进行较长时期利用,还需要利用 SWAP 模型对较长时期利用咸淡水轮灌模式下的土壤盐分及制种玉米产量进行预测。模拟预测时,灌溉制度和气象资料不变,以每一年末的土壤水分和盐分模拟结果作为下一年度的初始条件,将上述 3 种咸淡水轮灌模式连续模拟 10 年。

图 5-20 为上述 3 种咸淡水轮灌模式模拟 10 年内制种玉米生育期结束后的土壤盐分变化。从图 5-20 中可以看出,随着运行年份的增加,3 种轮灌模式下的土壤含盐量均有不同程度的增加,模拟早期土壤含盐量增幅较大,模拟后期土壤含盐量增幅较小,以 3.0 g/L 微咸水条件下的淡-咸-咸轮灌模式为例,第 2 年较第 1 年增加了 3.535 mg/cm³,第 3 年比第 2 年增加了 1.739 mg/cm³,第 4 年比第 3 年增加了 0.921 mg/cm³,第 5 年比第 4 年增加了 0.436 mg/cm³,第 6 年比第 5 年增加了 0.226 mg/cm³,从第 7 年后土壤含盐量比前一年增加量在 0.1 mg/cm³ 以内,说明随着咸淡水轮灌的长时期进行,土壤含盐量增幅呈现逐渐减小的趋势,土壤含盐量能够达到平稳状态,不会造成土壤盐碱化。

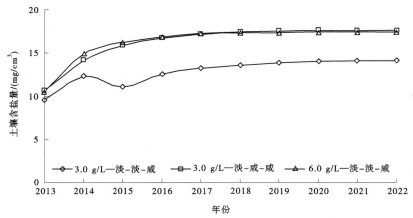

图 5-20　模拟 10 年内 0~100 cm 土层土壤盐分变化

　　图 5-21 为上述 3 种咸淡水轮灌模式模拟 10 年内制种玉米的产量。从图 5-21 中可以
看出,随着咸淡水轮灌利用年份的增加,制种玉米的产量有一定程度的下降,但减产程度
较小,以 3.0 g/L 微咸水条件下的淡-咸-咸轮灌模式为例,第 1 年制种玉米的产量为
4 664.5 kg/hm²,第 2 年制种玉米的产量为 4 412.4 kg/hm²,第 3 年、第 4 年制种玉米的产
量均为 4 349.3 kg/hm²,第 5 年后制种玉米的产量均为 4 286.3 kg/hm²,制种玉米产量在
模拟期第 5 年达到平稳状态,说明随着咸淡水轮灌的较长时期进行,制种玉米的产量能够
保持平稳,不会造成制种玉米大量减产。

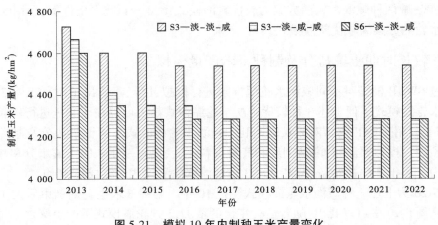

图 5-21　模拟 10 年内制种玉米产量变化

5.6　咸水非充分灌溉制度模拟与优化

5.6.1　制种玉米咸水非充分灌溉制度模拟与优化

　　上述进行不同矿化度和咸淡水轮灌的咸水灌溉模拟与预测是根据研究区作物充分灌
溉条件下进行的,但近年来石羊河流域实施节水灌溉策略,减少石羊河中上游地区的农业
用水量,为石羊河流域下游区域提供更多的水量。因此,在研究区有必要采用咸水非充分
灌溉方式,制订作物的节水灌溉制度势在必行。利用率定和验证后的 SWAP 模型对咸水
非充分灌溉制度进行模拟和优化,旨在获得研究区适宜制种玉米生长的咸水非充分灌溉
制度。本书在模拟过程中,采用平水年份($P=50\%$)的气象数据,即采用 2011 年的气象数
据对制种玉米咸水非充分灌溉制度进行模拟和优化。按照制种玉米生育期内需水量要
求,制种玉米生育期内共灌溉 4 次,充分灌溉条件下生育期灌溉水量为 450 mm,灌溉日期
从制种玉米出苗后约 35 d 开始,生育期内灌溉时间与生产实际情况近似一致,拟定 4 次
灌溉时间为 6 月 5 日(苗期)、6 月 30 日(拔节期)、7 月 20 日(抽穗期)和 8 月 10 日(灌浆
期)。灌溉水平分别拟定为制种玉米充分灌溉水量的 50%、60%、80% 和 100%(对照情
景),即灌溉水平分别为 225 mm、270 mm、360 mm 和 450 mm,根据每个生育阶段按照气象

数据计算得到的灌溉水量占生育期内总需水量的比例分配,确定各灌溉水平下作物各生育期的灌水定额。灌溉水矿化度设置为 3.0 g/L 和 6.0 g/L 两种。按照上述灌溉水平和灌溉水矿化度进行组合,组合方案共有 8 种(见表 5-12)。

表 5-12　拟定制种玉米各种灌溉方案组合

灌溉水矿化度/ (g/L)	灌溉方案	灌溉定额/ mm	灌水定额/mm			
			6 月 5 日	6 月 30 日	7 月 20 日	8 月 10 日
3.0	1	225	60	60	52.5	52.5
	2	270	72	72	63	63
	3	360	96	96	84	84
	4	450	120	120	105	105
6.0	5	225	60	60	52.5	52.5
	6	270	72	72	63	63
	7	360	96	96	84	84
	8	450	120	120	105	105

　　各灌溉方案的初始土壤含水率和土壤含盐量、制种玉米生长资料与 2013 年 S0 处理的初始值相同,模拟土层深度为 0~100 cm。利用率定后的 SWAP 模型分别对上述 8 种灌溉方案的土壤水盐平衡、制种玉米产量和水分利用效率进行模拟,模拟结果见表 5-13。由表 5-13 可知,3.0 g/L 微咸水灌溉条件下,随着灌溉定额的增加,0~100 cm 土层底部的水分与盐分通量、制种玉米腾发量、制种玉米产量和水分利用效率呈现逐渐增大的趋势;3.0 g/L 微咸水灌溉随着灌溉水量的增加,土壤盐分增加量逐渐增大,更多的盐分累积在土壤中;而 6.0 g/L 咸水灌溉条件下,随着灌溉定额的增加,土层底部的水分与盐分通量和土壤盐分增加量逐渐增加,但制种玉米腾发量、制种玉米产量和水分利用效率变化不明显,这是因为较高灌溉水矿化度的咸水灌溉会抑制作物生长,影响作物的产量和水分利用效率。以制种玉米产量和水分利用效率高,灌溉水量、土壤盐分增加量少为原则综合进行灌溉制度的优选。3.0 g/L 的微咸水灌溉条件下灌溉方案 3 为较适宜的灌水方式,灌溉定额为 360 mm,制种玉米产量为 4 727.55 kg/hm²,水分利用效率为 0.984,土壤盐分增加量为 81.60 mg/cm²。该优选的灌溉方案能够达到提高作物产量和水分利用效率的目的。6.0 g/L 咸水灌溉条件下,各灌溉方案制种玉米产量较低,制种玉米产量均低于 4 000 kg/hm²,水分利用效率均低于 0.96,土壤盐分增加量达 110~190 mg/cm²,土体盐分增加量较大,因此矿化度为 6.0 g/L 的咸水不适宜用于灌溉。

表 5-13　不同灌溉方案的土壤水盐平衡模拟结果

方案	土壤水分平衡					土壤盐分平衡			产量/（kg/hm²）	水分利用效率/（kg/m³）
	灌溉量/mm	降雨-叶面截留量/mm	土壤水分变化量/mm	水分通量/mm	腾发量/mm	灌溉带入量/（mg/cm²）	盐分通量/（mg/cm²）	土壤盐分增加量/（mg/cm²）		
1	225.0	108.4	−162.1	−56.4	439.1	67.5	−15.78	51.72	4 286.31	0.976
2	270.0	108.4	−149.0	−62.9	464.5	81.0	−17.67	63.33	4 550.48	0.979
3	360.0	108.4	−103.0	−91.0	480.4	108.0	−26.40	81.60	4 727.55	0.984
4	450.0	108.4	−83.9	−154.2	488.1	135.0	−50.43	84.57	4 853.62	0.994
5	225.0	108.4	−139.7	−57.1	416.0	135.0	−15.98	119.02	3 971.14	0.955
6	270.0	108.4	−105.4	−63.9	419.9	162.0	−18.03	143.97	3 971.14	0.946
7	360.0	108.4	−67.4	−117.6	418.2	216.0	−37.50	178.50	3 908.11	0.935
8	450.0	108.4	−63.5	−200.5	421.4	270.0	−83.94	186.06	3 971.14	0.942

5.6.2　较长时期土壤水盐动态模拟和预测

以优选的灌溉方案 3 进行较长时期土壤水盐动态模拟。灌溉方案 3 对应的灌溉定额为 360 mm，为制种玉米生育期内需水量的 80%。假设每年 4 月 1 日进行春灌，春灌采用 0.71 g/L 的地下水，春灌定额为 150 mm，灌溉日期和气象资料不变，以每一年末的土壤水分和盐分模拟结果作为下一年度的初始条件，将灌溉方案 3 连续模拟 5 年。该灌溉方案下不同土层土壤含水率模拟结果见图 5-22。由图 5-22 可以看出，随着土层深度的增加，土壤含水率逐渐增大，深层土壤（60~100 cm）含水率较大，表层土壤（0~20 cm）含水率较小，土壤含水率呈现出明显的分层现象，在灌溉期，土壤含水率变化明显，在非灌溉期，各土层土壤含水率变化较小，5 年内模拟的各土层的土壤含水率变化规律类似，土壤含水率在模拟期内能够保持较稳定的变化。

该灌溉方案不同土层土壤含盐量模拟结果见图 5-23。由图 5-23 可以看出，不同年份相同土层土壤含盐量变化规律相似，除表层土壤（0~20 cm）外，其余土层土壤含盐量最大值出现在制种玉米收获后，作物生育阶段后期土壤盐分主要累积在中层土壤（20~60 cm）和深层土壤（60~100 cm），非灌溉期由于农田未进行灌溉，但土壤表面存在蒸发，深层土壤的盐分会随着水分往上运移，土壤盐分会累积在土壤表面，因此表层土壤含盐量较高；土壤含盐量最小值出现在春灌后，春灌由于灌溉水量较大，对土壤盐分进行淋洗，能够使土壤盐分在制种玉米生育初期保持在较低的水平，有利于制种玉米出苗和早期的生长；在作物生育期内由于灌溉和降雨作用，各土层土壤含盐量变化比较明显，在灌溉前后各土层

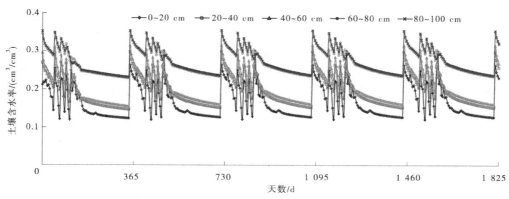

图 5-22　模拟较长时期土壤水分动态变化

土壤含盐量变化较大。在 5 年模拟期内,各土层土壤含盐量随着灌溉时间的增加,土壤含盐量有略微增大的趋势,但土壤含盐量增加量较小,各土层土壤含盐量基本能够保持平稳状态。因此,较长时期利用微咸水灌溉后需要进行春灌,春灌具有储水保墒和淋洗盐分的作用,能够使土壤盐分保持相对稳定的状态。采用矿化度为 3.0 g/L 的微咸水持续灌溉 5 年,在配合每年春灌灌水量 150 mm 措施下,0~100 cm 土层土壤盐分不会产生大量累积,不会引起土壤次生盐碱化。

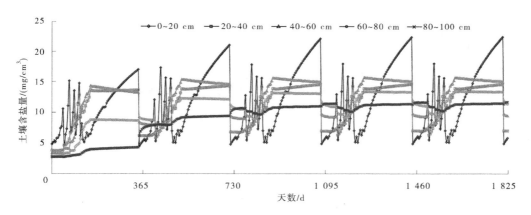

图 5-23　模拟较长时期土壤盐分动态变化

综上所述,研究区制种玉米采用 3.0 g/L 的微咸水灌溉,生育期内灌溉 4 次,灌溉定额为 360 mm,在配合春灌灌水量 150 mm 措施下,能够达到合理利用地下微咸水和节水灌溉的目的。

5.7　本章小结

本章利用制种玉米咸水灌溉试验观测资料对 SWAP 模型进行率定与验证,并利用率定后的 SWAP 模型模拟了制种玉米农田土壤(0~100 cm)水盐变化,同时对制种玉米咸水灌溉利用模式和灌溉制度进行了模拟与优化。

　　农田土壤(0~100 cm)水盐通量模拟结果表明:2013 年和 2014 年两年模拟期间,制种玉米根系层底部土壤水盐通量主要向下渗漏,土壤水盐通量受灌溉和降雨的影响明显,并且随着灌溉水矿化度的增加,土壤水分通量、盐分通量、水分通量累积量和盐分通量累积量逐渐增大;在制种玉米现状灌溉和降雨前提下,3.0 g/L 和 6.0 g/L 的咸水灌溉模式下制种玉米根系层土壤盐分能淋洗至深层土壤,不会造成土壤盐分大量累积,但会造成水资源的浪费,因此需要对研究区制种玉米咸水灌溉利用模式和灌溉制度进行模拟与优化。

　　不同矿化度的咸水灌溉模拟与预测结果表明:若在研究区直接采用咸水灌溉方式对制种玉米进行灌溉,0.71~2.0 g/L 的微咸水在研究区可用于灌溉;6.0 g/L 以上的咸水在研究区不适宜用于灌溉;3.0~5.0 g/L 的咸水短时期在研究区可用于灌溉,但较长时期利用 3.0~5.0 g/L 的咸水灌溉土壤含盐量会逐渐增加,对制种玉米的产量影响较大,5 年后的制种玉米减产幅度均在 25% 以上,3.0~5.0 g/L 的咸水在研究区不宜长时期利用。

　　咸淡水轮灌模式模拟与预测结果表明:若在研究区采用咸淡水轮灌方式对制种玉米进行灌溉,3.0 g/L 微咸水灌溉条件下,采用淡-淡-咸和淡-咸-咸的轮灌模式;6.0 g/L 咸水灌溉条件下,采用淡-淡-咸的轮灌模式,这 3 种轮灌模式为研究区制种玉米较优的咸淡水轮灌模式。这 3 种较优的咸淡水轮灌模式在 10 年模拟期内随着时间的增加土壤含盐量增加量较少,能够达到平稳,不会造成土壤盐碱化;制种玉米的减产幅度较小,产量能够保持平稳,不会造成制种玉米大量减产。

　　咸水非充分灌溉制度模拟与优化结果表明:若在研究区采用咸水非充分灌溉方式对制种玉米进行灌溉,3.0 g/L 微咸水灌溉条件下,灌溉定额为 360 mm,生育期内灌溉 4 次,为制种玉米较优的咸水非充分灌溉方案。较长时期采用较优的咸水非充分灌溉方式持续进行灌溉,在配合每年春灌灌水量 150 mm 措施下,土壤盐分不会产生大量累积,不会引起土壤次生盐碱化,能够达到合理利用地下微咸水资源和节水灌溉的目的。

第 6 章　咸水非充分灌溉条件下土壤水盐运动 SWAP 模型模拟

由于田间试验条件的局限性和影响因素的复杂性,基于 Richard 方程和对流弥散方程的数值模拟已成为研究农田土壤水盐运动规律的重要手段。其中,由荷兰 Wageningen 农业大学开发的 SWAP 模型以土壤水分运动的基本方程 Richard 方程及溶质运移对流弥散方程为基础,同时考虑土壤蒸发、作物蒸腾以及根系吸水等界面过程,适用于多层土壤,可以用来模拟田间尺度下土壤–水分–大气–植物系统中水分、溶质和热量运移过程以及作物的生长进程,能够深入分析农田土壤水量平衡与盐分累积规律,是进行土壤水盐运动和作物生长模拟的有效工具,在许多不同地区得到了广泛应用。本章利用第 2 章制种玉米咸水非充分灌溉试验资料对 SWAP 模型进行了率定和验证,利用率定和验证后的模型对制种玉米咸水非充分灌溉条件下的农田土壤水盐运动和制种玉米产量进行模拟和分析,所得结果可为咸水非充分灌溉制度的制定提供理论依据。

6.1　模型率定

6.1.1　模型数据输入

模型率定需要的资料包括模拟时段内的逐日气象资料、试验地的土壤理化参数和水力特性参数、灌溉资料、农业管理措施、作物生长资料及初始和边界条件等。

6.1.1.1　气象资料

模型计算的气象资料采用 2013 年试验站内自动气象站观测的降水量、湿度、日照时数、最高和最低温度、风速等的逐日资料。

6.1.1.2　灌溉资料

制种玉米在整个生育期内进行了 5 次灌溉,将其转化为 SWAP 模型中要求的按照灌水深度和灌溉水矿化度的输入数据(见第 2 章中表 2-7)。2013 年灌水日期分别为 6 月 5 日、6 月 30 日、7 月 20 日、8 月 10 日、8 月 29 日。

6.1.1.3　作物生长资料

制种玉米的出苗日期是 2013 年 4 月 28 日,收获日期为 2013 年 9 月 13 日。本书采用简单作物模型,SWAP 模型将作物的不同生长阶段(DVS)定义为作物生长日期的线性函数,整个生长阶段(DVS)的起止时间以相对时间 0 和 2 表示,作物出苗前一天为 0,收获日为 2,其间根据所处时间在 0~2 线性插值。然后根据实际观测资料分别建立制种玉米叶面积指数、株高、根长等与生长阶段(DVS)的关系。根长和株高是计算和反映作物潜在腾发量的重要因子,利用叶面积指数可以将作物潜在腾发量分为作物潜在蒸腾量和土壤潜在蒸发量。由于只有部分实测的根长资料,本书中制种玉米根系深度最长为 100

cm,中间缺少的数据根据株高数据进行插值。土壤的过度干旱或者过度湿润以及土壤盐分含量过高都会对作物产生胁迫,从而减少根系系数项 $S_p(z)$ 的数值,其中用于计算水分胁迫折减系数的各临界压力水头值按 Wesseling 等(1991)的建议选取,制种玉米最小冠层阻力取为 20 s/m,表 6-1 给出了表示水盐胁迫对制种玉米根系吸水函数影响的相关参数。

表 6-1 SWAP 作物模块中制种玉米输入的相关参数

模型参数	制种玉米
根系能够从土壤中吸收水分时的土壤水水势上限 h_1/cm	−15.0
上层根系吸水项不受水分胁迫影响时的土壤水水势上限 h_{21}/cm	−30.0
所有根系吸水项不受水分胁迫影响时的土壤水水势上限 h_{22}/cm	−30.0
在高气压下根系吸水项不受水分胁迫影响的土壤水水势下限 h_{3h}/cm	−325.0
在低气压下根系吸水项不受水分胁迫影响的土壤水水势下限 h_{3l}/cm	−600.0
根系停止吸水时土壤水水势(凋萎点) h_4/cm	−8 000.0
最小冠层阻力 r_{crop}/(s/m)	20.0
降雨植物截留系数	0.25
产生盐分胁迫时土壤含盐量的临界值 EC_{sat}/(dS/m)	1.7
盐分胁迫引起的根系吸水系数的变化比率 EC_{slope}/[%/(dS/m)]	7.0

6.1.1.4 土壤参数

将制种玉米试验区 0~120 cm 土壤分为 3 层,试验地土壤质地(国际制)及其理化性质见第 2 章表 2-4、表 2-5。土壤水力参数采用 VG 模型,通过实测的土壤机械组成、干容重及水分特征曲线数据采用 RETC 软件拟合得到土壤水力特性参数的初始值(见表 6-2)。SWAP 模型计算土壤水分运动时,将土层再细分为若干单元格,单元格个数越多计算精度越高,但是计算耗时也相应增大,本书将 120 cm 土层分为 34 个单元格,为了能精确计算土壤表层的水分运动,将土壤表层的单元格设为 1 cm 厚度,100 cm 以上土层分为 32 个单元格。最小和最大的时间步长分别定义为 10^{-5} d 和 0.03 d。

表 6-2 土壤水分特征曲线 VG 模型参数拟合结果

土层深度/ cm	残留含水率 θ_r/ (cm³/cm³)	饱和含水率 θ_s/ (cm³/cm³)	饱和导水率 K_s/(cm/d)	α/ cm⁻¹	n	λ
0~20	0.065	0.36	10.24	0.014	1.19	0.5
20~40	0.065	0.36	10.24	0.014	1.19	0.5
40~120	0.065	0.37	5.58	0.019	1.19	0.5

6.1.1.5 土壤溶质运移参数

溶质运移模块要求输入初始土壤含盐量,采用播种前实测的土壤盐分数据作为初始资料,降水一般为淡水,降水矿化度近似等于 0。初始土壤溶质运移参数见表 6-3。

表 6-3　土壤初始和率定的溶质运移参数

项目	初始值	率定值
分子扩散系数/（cm²/d）	0.5	0.5
弥散度/cm	12	10
根系吸收溶质系数	0	0
自由水和吸附水之间的溶质交换率/d⁻¹	0.01	0.01

6.1.1.6　初始和边界条件

土壤剖面的上边界条件为气象因素决定的降水、蒸发、植物蒸腾以及灌溉等。由于试验期间地下水平均埋深大于 40 m，可以不考虑地下水的补给作用，下边界条件设定为自由排水条件，不考虑侧向排水，初始压力水头利用土壤初始含水量和水分特征曲线资料反算求得。

6.1.2　模型率定准则

模拟值和实测值的吻合程度采用均方根误差（RMSE）和平均相对误差（MRE）两个指标评价。

$$RMSE = \sqrt{\frac{1}{N}\sum_{i=1}^{N}(P_i - O_i)^2} \tag{6-1}$$

$$MRE = \frac{1}{N}\sum_{i=1}^{N}\left|\frac{P_i - O_i}{O_i}\right| \times 100\% \tag{6-2}$$

式中：N 为观测值的个数；O_i 为第 i 个观测值；P_i 为第 i 个相应的模拟值。

6.1.3　模型率定结果

6.1.3.1　土壤含水率

根据土壤各层含水率观测值与模拟值的比较分析，相应地调整各层土壤的水力特性参数，使模拟值和观测值尽可能吻合。土壤水力特性参数的最终率定结果见表 6-4。

表 6-4　土壤水分特征曲线 VG 模型参数率定结果

土层深度/ cm	残留含水率 θ_r/ （cm³/cm³）	饱和含水率 θ_s/ （cm³/cm³）	饱和导水率 K_s/（cm/d）	α/ cm⁻¹	n	λ
0~20	0.075	0.32	12	0.02	1.41	0.5
20~40	0.075	0.37	12	0.02	1.41	0.5
40~120	0.095	0.42	21	0.02	1.31	0.5

以 w1s2 处理、w2s2 处理和 w3s2 处理为例，对比 0~10 cm、10~20 cm、20~40 cm、40~60 cm、60~80 cm 和 80~100 cm 土层处土壤含水率模拟值和实测值随时间的变化情况。从图 6-1 中可以看出模拟值反映了实测值的变化趋势，且能够较好地模拟不同灌溉条件

对土壤含水率的影响。各处理均表现出表层和深层土壤处的含水率模拟值和实测值吻合得较好，w1s2 处理和 w3s2 处理的 40~60 cm 土层模拟值略高于实测值，w2s2 处理的 20~40 cm 土层模拟值略低于实测值。

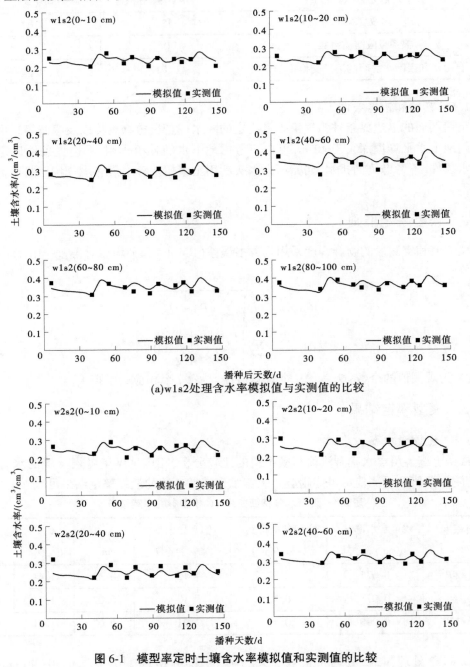

图 6-1　模型率定时土壤含水率模拟值和实测值的比较

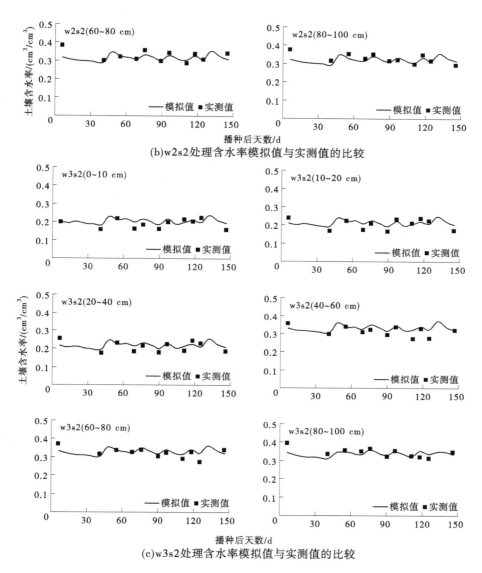

(b)w2s2 处理含水率模拟值与实测值的比较

(c)w3s2 处理含水率模拟值与实测值的比较

续图 6-1

　　土壤含水率率定过程中模拟值与实测值吻合度判别指标 RMSE 和 MRE 的计算结果见表 6-5。从表 6-5 中可看出,各处理的 RMSE 都小于 0.03 cm³/cm³,MRE 均低于 12%,60 cm 以下土层的 MRE 整体上低于 40 cm 以上土层的 MRE,这主要是因为深层土壤受灌溉和降雨的影响较小,土壤水分运动过程与表层相比较为简单,因此土壤含水率模拟效果比表层土壤要好。20~60 cm 土层的 MRE 波动较大,这主要是因为 20~60 cm 土层为根系吸水层,受水分和盐分胁迫的影响大,水分运动过程较为复杂,从而使模拟值和实测值之间吻合效果波动大。

表 6-5　模型率定时土壤含水率实测值和模拟值吻合度判别指标

项目	深度/cm	w1s2	w2s2	w3s2	项目	深度/cm	w1s2	w2s2	w3s2
RMSE/ (cm^3/cm^3)	0~10 cm	0.02	0.02	0.02	MRE/ %	0~10 cm	6.02	6.64	11.51
	10~20 cm	0.01	0.02	0.02		10~20 cm	3.61	7.10	9.73
	20~40 cm	0.01	0.03	0.02		20~40 cm	3.39	7.08	9.04
	40~60 cm	0.03	0.01	0.03		40~60 cm	7.89	3.40	6.67
	60~80 cm	0.02	0.02	0.02		60~80 cm	4.42	4.60	5.44
	80~100 cm	0.01	0.02	0.02		80~100 cm	2.99	4.71	4.57
	100~120 cm	0.01	0.02	0.02		100~120 cm	2.98	5.59	4.32
均值		0.02	0.02	0.02	均值		4.47	5.59	7.33

6.1.3.2　土壤含盐量

　　根据土壤各层含盐量观测值和模拟值的比较分析,相应地调整土壤溶质运移参数,使模拟值和观测值尽可能地吻合,土壤溶质运移参数的最终率定结果见表 6-3。

　　图 6-2 为 w1s2 处理、w2s2 处理和 w3s2 处理不同日期土壤剖面含盐量率定时模拟值和实测值的比较。从图 6-2 中可以看出,土壤含盐量的模拟值基本上反映了实测值的变化趋势,作物开始灌溉后模拟值和实测值模拟吻合效果较好。

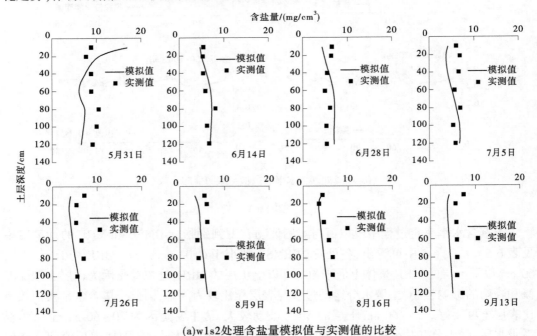

(a)w1s2处理含盐量模拟值与实测值的比较

图 6-2　模型率定时土壤含盐量模拟值与实测值的比较

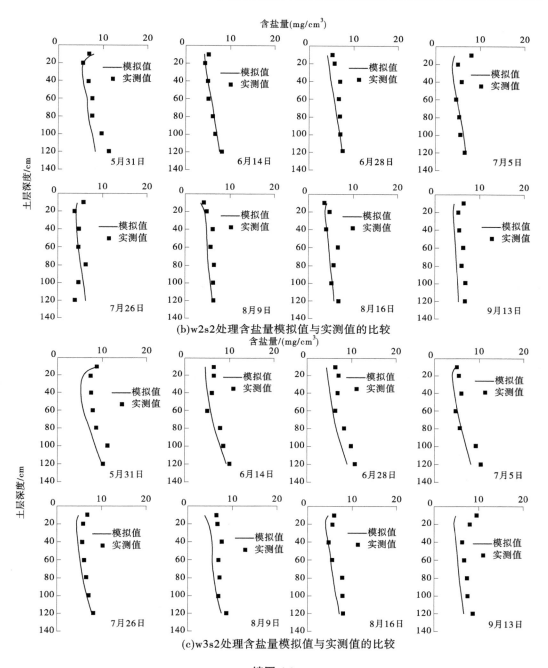

(b)w2s2处理含盐量模拟值与实测值的比较

(c)w3s2处理含盐量模拟值与实测值的比较

续图 6-2

表 6-6 为 w1s2 处理、w2s2 处理和 w3s2 处理不同日期土壤含盐量实测值和模拟值的 RMSE 和 MRE 值。各处理模拟结果的 RMSE 均值低于 2.0 mg/cm³，w1s2 处理的 RMSE 比 w2s3 和 w3s2 略大；各处理含盐量模拟结果 MRE 的均值低于 25%。由此可见，相同灌溉水矿化度条件下非充分灌溉处理土壤含盐量的模拟结果优于充分灌溉处理。

表 6-6　模型率定时土壤含盐量实测值和模拟值吻合度判别指标

项目	日期 (年-月-日)	w1s2	w2s2	w3s2	项目	日期 (年-月-日)	w1s2	w2s2	w3s2
RMSE/ (mg/cm³)	2013-05-31	3.93	1.64	1.76	MRE/ %	2013-05-31	37.73	15.91	17.71
	2013-06-14	0.74	0.51	1.22		2013-06-14	11.44	7.45	16.11
	2013-06-28	1.56	1.15	1.92		2013-06-28	25.53	15.54	23.91
	2013-07-05	1.82	1.70	1.43		2013-07-05	25.66	18.96	17.51
	2013-07-26	1.79	1.24	1.15		2013-07-26	23.88	20.85	15.88
	2013-08-09	1.48	0.89	1.69		2013-08-09	25.47	14.44	21.99
	2013-08-16	1.15	0.92	1.29		2013-08-16	16.68	13.94	16.80
	2013-09-13	1.99	1.54	2.59		2013-09-13	31.06	24.52	28.83
均值		1.81	1.20	1.63	均值		24.68	16.45	19.84

6.1.3.3　制种玉米产量

SWAP 模型模拟的产量结果为相对产量,将淡水充分灌溉 w1s1 处理的实测产量 4 925 kg/hm² 作为获得的最大产量,根据模拟的相对产量和最大产量得到各处理的模拟产量。以 w1s2 处理、w2s2 处理和 w3s2 处理为例,图 6-3 为模型率定时制种玉米模拟产量和实测产量的比较,从图 6-3 中可以看出,模型率定时制种玉米的模拟产量基本反映了实测产量之间的变化规律。w1s2 处理、w2s2 处理和 w3s2 处理产量模拟值的相对误差 MRE 分别为 5.64%、0.7%、14%,在允许的误差之内。由此可见,SWAP 模型各处理的模拟产量与实测产量的变化规律基本一致。率定后的土壤含盐量的临界值为 1.7 dS/cm,盐分胁迫引起的根系吸水系数的变化率 EC_{slope} 为 5%/(dS·m),其他作物参数与初始值一致。

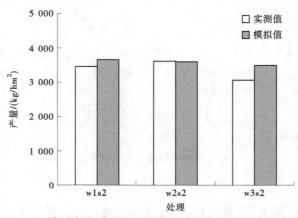

图 6-3　模型率定时制种玉米产量模拟值和实测值的比较

6.2　模型验证

利用 w1s2 处理、w2s2 处理和 w3s2 处理得到的率定参数,采用 SWAP 模型对 w1s3 处理、w2s3 处理、w3s3 处理进行模型的验证。

6.2.1　土壤含水率

利用表 6-4 中率定的土壤水力特性参数以及相关实测的初始数据,模拟 w1s3 处理、w2s3 处理、w3s3 处理的土壤水分运动过程,进行模型的验证,将模拟结果与实测土壤含水率进行比较(见图 6-4)。由图 6-4 可以看出,SWAP 模型可以较好地模拟咸水灌溉条件下不同土层深度土壤含水率的变化趋势。

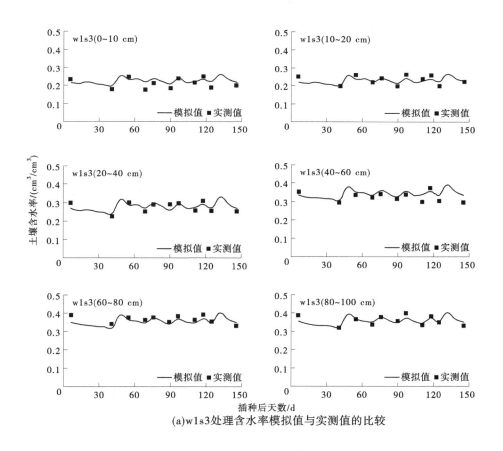

(a)w1s3处理含水率模拟值与实测值的比较

图 6-4　模型验证时土壤含水率模拟值和实测值的比较

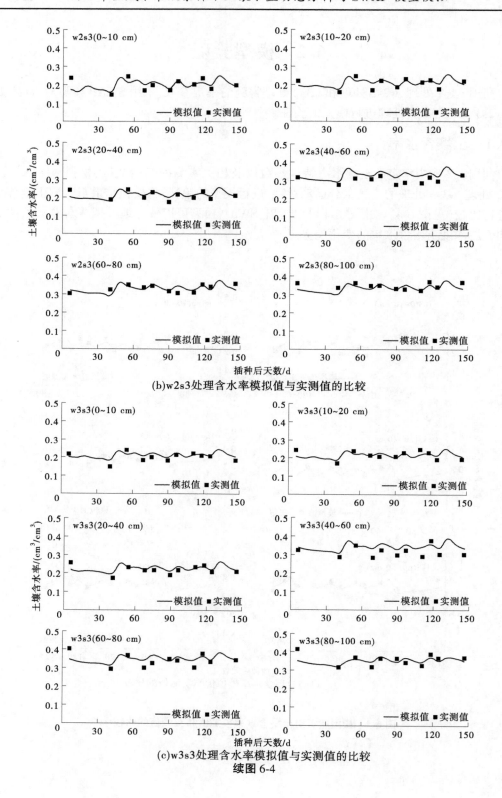

(b)w2s3处理含水率模拟值与实测值的比较

(c)w3s3处理含水率模拟值与实测值的比较

续图 6-4

　　w1s3 处理、w2s3 处理和 w3s3 处理土壤含水率验证结果中模拟值与实测值吻合度判别指标见表 6-7。从表中 6-7 可以看出，各处理土层的 RMSE 都小于 0.03 cm³/cm³，与率定过程相似，MRE 均低于 11%。由结果可知，经过率定和验证的 SWAP 模型能够较好地模拟制种玉米咸水灌溉条件下不同土层深度的土壤水分分布规律，能够定量描述土壤含水率随时间的变化趋势。

表 6-7　模型验证时土壤含水率实测值和模拟值吻合判别指标

项目	深度/cm	w1s3	w2s3	w3s3	项目	深度/cm	w1s3	w2s3	w3s3
RMSE/ (cm³/cm³)	0~10 cm	0.02	0.03	0.02	MRE/ %	0~10 cm	9.32	9.51	9.29
	10~20 cm	0.01	0.02	0.02		10~20 cm	5.58	8.48	7.17
	20~40 cm	0.02	0.02	0.02		20~40 cm	5.66	6.33	7.00
	40~60 cm	0.02	0.02	0.03		40~60 cm	6.32	8.58	10.70
	60~80 cm	0.02	0.02	0.03		60~80 cm	3.81	4.82	7.35
	80~100 cm	0.01	0.02	0.02		80~100 cm	2.95	4.78	5.08
	100~120 cm	0.02	0.02	0.02		100~120 cm	4.70	4.78	4.00
均值		0.02	0.02	0.02	均值		5.48	6.75	7.23

6.2.2　土壤含盐量

　　利用表 6-3 率定的土壤溶质运移参数以及相关实测的初始数据，模拟 w1s3 处理、w2s3 处理、w3s3 处理不同日期的土壤含盐量变化过程，进行模型的验证，将模拟结果与实测土壤含盐量进行比较（见图 6-5）。从图 6-5 中可以看出，模拟值较好地反映了实测值的变化趋势，除 w2s3 处理灌溉前和收获后盐分模拟值和实测值吻合略差外，其余处理不同日期的盐分模拟值和实测值吻合得较好。

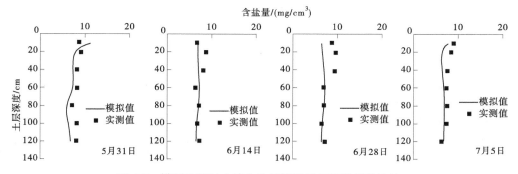

图 6-5　模型验证时土壤含盐量模拟值与实测值的比较

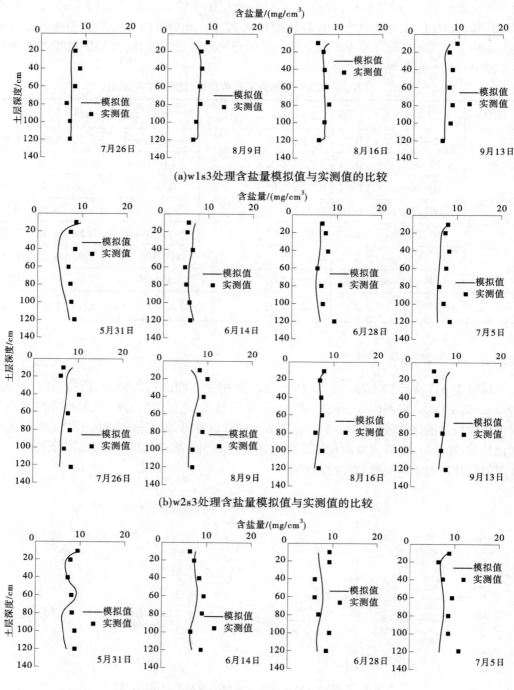

(a)w1s3处理含盐量模拟值与实测值的比较

(b)w2s3处理含盐量模拟值与实测值的比较

续图 6-5

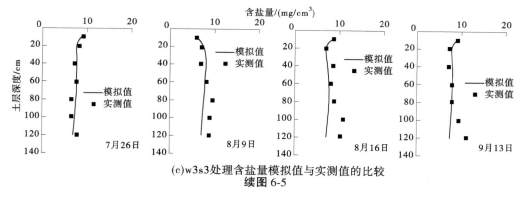

(c)w3s3处理含盐量模拟值与实测值的比较

续图 6-5

w1s3 处理、w2s3 处理和 w3s3 处理不同日期土壤含盐量模拟值和实测值吻合度判别指标见表 6-8,各处理模拟结果 RMSE 的均值低于 2.0 mg/cm³;各处理模拟结果 RME 的均值低于 25%。

表 6-8　模型验证时土壤含盐量实测值和模拟值吻合度判别指标

项目	日期 (年-月-日)	w1s2	w2s2	w3s2	项目	日期 (年-月-日)	w1s2	w2s2	w3s2
RMSE/ (mg/cm³)	2013-05-31	1.57	2.06	1.61	MRE/ %	2013-05-31	17.72	24.31	15.95
	2013-06-14	0.98	0.84	1.22		2013-06-14	10.64	12.94	12.43
	2013-06-28	1.73	1.64	2.10		2013-06-28	15.17	16.95	23.69
	2013-07-05	1.08	1.46	1.95		2013-07-05	12.25	16.00	15.59
	2013-07-26	1.19	1.84	0.73		2013-07-26	12.65	22.42	8.90
	2013-08-09	1.32	1.76	1.38		2013-08-09	11.59	19.08	12.98
	2013-08-16	1.09	0.76	1.93		2013-08-16	13.11	8.65	14.76
	2013-09-13	1.29	2.10	1.66		2013-09-13	14.56	31.48	11.59
均值		1.28	1.56	1.57	均值		13.46	18.98	14.49

由上可知,经过参数率定和验证后的 SWAP 模型能够较好地反映咸水灌溉条件下,不同灌溉条件对土壤盐分分布的影响,能够定量描述土壤盐分在土壤剖面的分布规律。

6.2.3　制种玉米产量

应用 w1s3 处理、w2s3 处理和 w3s3 处理制种玉米的实测产量对 SWAP 模型进行验证。图 6-6 为模型验证时制种玉米模拟产量和实测产量的比较。由图 6-6 可以看出,模拟产量基本反映了实测产量之间的变化规律,w1s3 处理、w2s3 处理和 w3s3 处理的产量模拟值的相对误差 MRE 分别为 6.4%、15.1% 和 4.2%,在允许的误差范围之内。可见 SWAP 模型各处理模拟产量和实测产量之间的变化规律基本一致,经过验证后的 SWAP 模型能够模拟研究区咸水灌溉条件下制种玉米的产量情况。

以上对 SWAP 模型率定和验证结果表明,经过率定和验证后的 SWAP 模型能够模拟

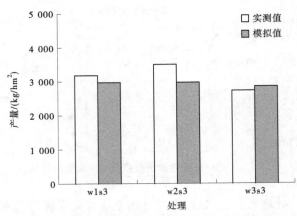

图 6-6　模型验证时制种玉米产量模拟值和实测值的比较

研究区制种玉米咸水灌溉条件下农田土壤水盐分布规律以及对制种玉米产量的影响,可为西北干旱区咸水灌溉制度的制定提供理论依据。

6.3　咸水非充分灌溉土壤水盐通量模拟

6.3.1　土壤水分模拟结果分析

图 6-7 模拟的是相同水质不同水量下各处理不同土层含水率分布变化规律,以 s2 处理为例,可知各土层含水率模拟结果变化规律相似,随着灌水量的增加,土壤含水率越大,60~80 cm 和 80~100 cm 土层中 w3s2 处理的含水率略高于 w2s2 处理,这可能是 3 g/L 灌溉水矿化度条件下,重度缺水灌溉处理的盐分胁迫严重,阻碍作物根系吸水,使更多的水分残留在土壤中。

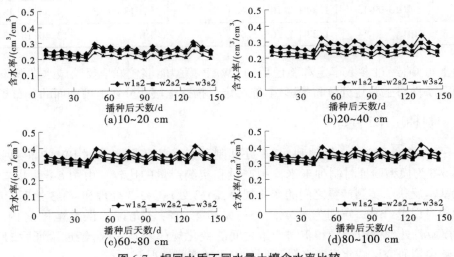

图 6-7　相同水质不同水量土壤含水率比较

图 6-8 模拟的是相同水量不同水质各处理不同土层含水率分布变化规律。由图 6-8 可以看出,咸水灌溉处理土壤含水率高于淡水灌溉处理的现象,这与 Ben Asher 等(2006)的研究结论相似,即咸水灌溉带入土体的盐分会使土壤水势降低,从而对作物形成盐分胁迫,影响作物对土壤水分的吸收,从而出现咸水灌溉处理土壤含水率高于淡水处理的现象。60~80 cm 和 80~100 cm 土层 w2s3 处理土壤含水率高于 w2s2 处理,蒋静(2011)研究发现,重度盐分胁迫明显地抑制春玉米的水分吸收,使更多的水分残留在土壤中。

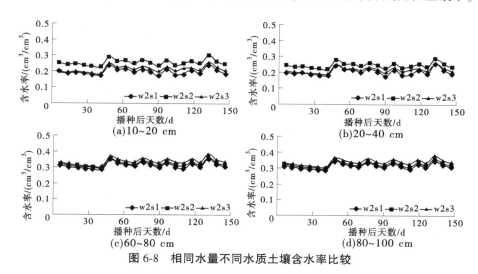

图 6-8　相同水量不同水质土壤含水率比较

6.3.2　土壤盐分模拟结果分析

图 6-9 模拟的是相同水量不同水质下各处理不同土层含盐量的变化规律,以 w2 处理为例,可知土壤含盐量随着灌水矿化度的增大而增加。各土层含盐量随着作物的生长呈现出不同的变化规律,60~80 cm 土层中从作物中期阶段开始,w2s3 处理的含盐量高于 w2s2 处理,80~100 cm 土层中从作物后期阶段,w2s3 处理的含盐量高于 w2s2 处理,由此可知随着灌溉次数的增加,w2s3 处理各土层中的盐分呈现出不断增加的趋势,并且灌溉带入的盐分可以累积到 80~100 cm 土层中;w2s2 处理随着作物的生长,深层土层中的盐分呈现出逐渐减少的趋势,盐分主要累积在 60 cm 以上的土层;w2s1 处理随着作物的生长,各土层盐分均表现出不断减少的规律,80~100 cm 土层的盐分基本上保持不变。

图 6-10 模拟的是相同水质不同水量下各处理不同土层含盐量的变化规律,以 s1 为例,随着灌溉水量的增加,各土层盐分被淋洗得越深,所以灌溉水量越大的处理,盐分被淋洗得也越深。w3s1 处理和 w2s1 处理在 80~100 cm 土层中盐分变化的比较小,而 w1s1 处理在 80~100 cm 土层中的盐分变化依然较大,说明非充分灌溉处理土壤中的盐分在 80 cm 以上的土层变化剧烈,充分灌溉处理土壤中的盐分可以被淋洗到 100 cm 土层中。

6.3.3　土壤水分通量模拟结果分析

图 6-11 为 w1s2 处理、w2s2 处理和 w3s2 处理土壤剖面水分通量模拟结果,水分通量

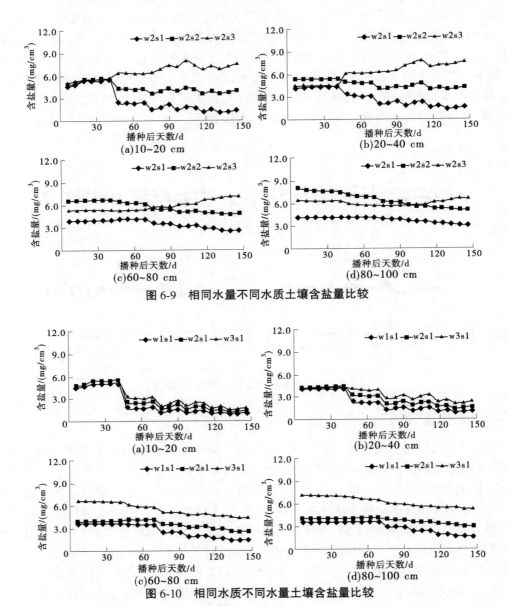

图 6-9　相同水量不同水质土壤含盐量比较

图 6-10　相同水质不同水量土壤含盐量比较

向上为正,向下为负,箭头代表 5 次灌水的时间。从图 6-11 中可以看出,3 种灌水处理在制种玉米苗期阶段 40 cm 以上土壤剖面的土壤水分通量主要以向上为主,这是因为制种玉米苗期根系较浅且不发达,由于土壤蒸发作用,深层土壤水分向表层土壤运移;在每次灌水和降雨阶段,各处理土壤剖面的水分通量向下,且灌水量越大的处理,向下的水分通量越大;在土壤蒸发阶段,20 cm 处的土壤水分通量向上,第 2 次至第 4 次灌水后的土壤蒸发阶段 40 cm 处的水分通量很小,且水分向上运移为主,这主要是制种玉米处于拔节期到灌浆期,玉米生长迅速,根系发达,由于根系吸水的作用,根系层的土壤水分向上运移,60 cm 以下土壤剖面的水分通量向下,且向下的水分通量逐渐减小。

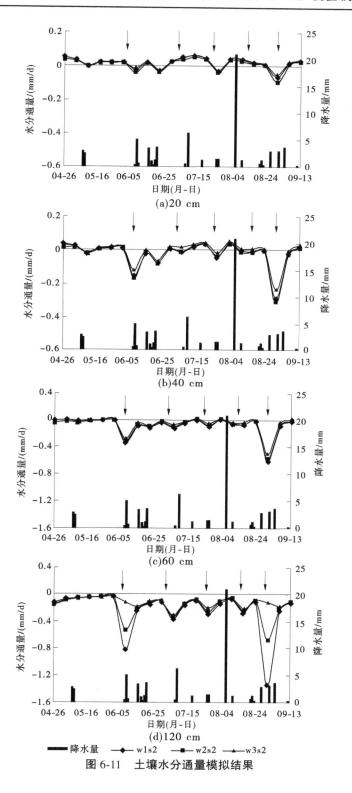

图 6-11 土壤水分通量模拟结果

表 6-9 是制种玉米全生育期 w1s2 处理、w2s2 处理和 w3s2 处理土壤剖面不同位置处的水分通量累积量,向上的水分通量为正,向下的水分通量为负。由表 6-9 可知,20 cm 处的水分通量累积量为正,其中 w3s2 处理的水分通量累积量最大,最大值为 2.57 mm;40 cm 处的土壤水分通量累积量为负,且土壤深度越深,向下的水分通量累积量越大,在相同剖面处,灌水量越大的处理的水分通量累积量越大;120 cm 处 w1s2 处理向下的水分通量累积量最大,最大值为 33.74 mm,说明充分灌溉处理比非充分灌溉处理容易产生土壤水分深层渗漏,且渗漏量不可忽略。

表 6-9　土壤剖面处水分通量累积量

土壤剖面深度/cm	处理	水分通量累积量/mm
20	w1s2	2.07
	w2s2	1.04
	w3s2	2.57
40	w1s2	−3.68
	w2s2	−4.37
	w3s2	−1.90
60	w1s2	−11.80
	w2s2	−11.44
	w3s2	−8.86
120	w1s2	−33.74
	w2s2	−25.42
	w3s2	−16.97

注:负号代表土壤水分通量向下。

6.3.4　土壤盐分通量模拟结果分析

图 6-12 为 w1s2 处理、w2s2 处理和 w3s2 处理土壤剖面处盐分通量模拟结果,盐分通量向上为正,向下为负,箭头代表 5 次灌水的时间。从图 6-12 中可以看出,土壤盐分通量模拟结果与土壤水分通量模拟结果具有类似的规律,进一步说明了"盐随水来、盐随水去"的运动特性。在制种玉米苗期阶段,40 cm 以上土壤剖面的盐分通量,除 5 月 7 日和 5 月 8 日两次受降水的影响外,主要受到土壤蒸发的影响,盐分通量以向上为主;在灌水和降水阶段,各土壤剖面处的盐分通量主要为向下,60 cm 以下土壤剖面的盐分通量向下更明显,且灌水量越大的处理,向下的盐分通量越大;在土壤蒸发阶段,20 cm 以土壤剖面的盐分通量向上,第 2 次至第 4 次灌水后的土壤蒸发阶段 40 cm 土壤剖面处的盐分通量很小,且盐分以向上运移为主,60 cm 以下土壤剖面的盐分通量向下,且向下的盐分通量逐渐减小。

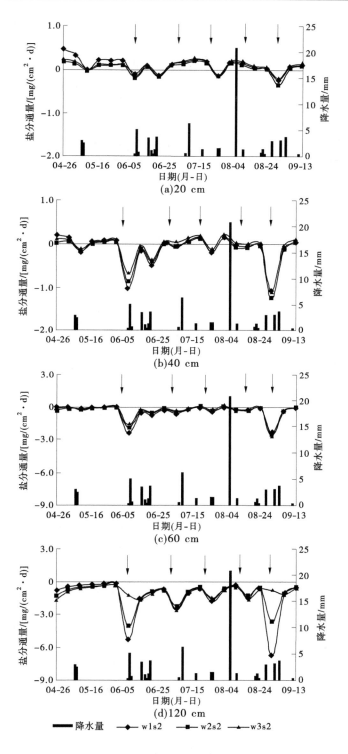

图 6-12　土壤盐分通量模拟结果

表 6-10 是制种玉米全生育期 w1s2 处理、w2s2 处理和 w3s2 处理土壤剖面不同位置处的盐分通量累积量。向上的盐分通量为正,向下的盐分通量为负。由表 6-10 可知,20 cm 处的盐分通量累积量为正,其中 w1s2 处理的盐分通量累积量最大,最大值为 13.45 mg/cm²;40 cm 以下土壤剖面的盐分通量累积量为负,且土壤深度越深,向下的盐分通量累积量越大,在相同土壤剖面处,灌水量越大的处理的盐分通量累积量越大,120 cm 处 w1s2 处理向下的盐分通量累积量最大,最大值为 198.91 mg/cm²。

表 6-10　土壤剖面处盐分通量累积量

土壤剖面深度/cm	处理	盐分通量累积量/(mg/cm²)
20	w1s2	13.45
	w2s2	5.15
	w3s2	12.32
40	w1s2	−16.75
	w2s2	−19.41
	w3s2	−9.27
60	w1s2	−61.04
	w2s2	−57.46
	w3s2	−47.83
120	w1s2	−198.91
	w2s2	−168.64
	w3s2	−140.41

注:负号代表土壤盐分通量向下。

6.4　较长时期咸水非充分灌溉下土壤水盐分布与制种玉米产量的模拟

6.4.1　模拟较长时期咸水非充分灌溉下土壤水盐分布

由 2012 年咸水非充分灌溉试验结果分析可知,采用 w2s2 处理的咸水非充分灌溉方式进行灌溉,与淡水充分灌溉 w1s1 处理相比,制种玉米的产量减产幅度为 6.3%,短时期采用 w2s2 处理的灌溉方式对制种玉米的产量影响较小。但仅仅通过短期田间试验资料的分析结果,难以说明较长时期采用 w2s2 处理的灌溉方式对制种玉米产量的影响如何。为此,需要采用率定和验证后的 SWAP 模型来模拟较长时期采用 w2s2 处理的灌溉方式下的土壤水盐分布规律以及对制种玉米产量的影响。

在 SWAP 模型模拟过程中,制种玉米生育期内的灌溉方式始终采用 w2s2 处理的灌溉制度,假定每年的 3 月 20 日进行春灌,春灌灌溉定额为 120 mm,以每一年末的土壤水分和盐分模拟结果作为下一年度的初始条件,连续计算 10 年。其中,在这 10 年模拟期间的气象资料采用试验站气象站 2012—2014 年的气象数据,这 3 年的气象数据包括了平水年、枯水年和丰水年,2012 年制种玉米全生育期降水量为 130 mm,2013 年制种玉米全生育期降水量为 64.6 mm,2014 年制种玉米全生育期降水量为 203 mm,即 2012 年为平水年、2013 年为枯水年、2014 年为丰水年,代表一个完整的水文气象年份,在这 10 年模拟期间气象数据按照 2013 年、2014 年、2012 年、2013 年、2014 年、2012 年、2013 年、2014 年、2012 年、2013 年的顺序变换输入。图 6-13 为模拟采用 w2s2 处理灌溉方式灌溉 10 年不同土层土壤水分分布规律,由图 6-13 可以看出,10 年内不同年份的土壤水分分布规律基本相似,即随着土层深度的增加,土壤含水率逐渐增大,并且土壤含水率在这 10 年内能够达到平稳,每年土壤含水率最低值均出现在春灌之前,制种玉米生育期内的土壤含水率变化显著。图 6-14 为模拟采用 w2s2 处理灌溉方式灌溉 10 年时间不同土层土壤盐分分布规律,由图 6-14 可以看出,在不同水文年份、作物生育期与非生育期间土壤含盐量变化显著,每年土壤含盐量最大值出现在春灌之前,这主要是因为冬季和春季存在返盐现象,深层土壤盐分往土壤表层运移,春灌具有储水保墒和淋洗盐分的重要作用,有利于制种玉米出苗及前期的生长,并且能够使土壤盐分保持相对稳定的状态,因此春灌在该研究区是必不可少的农业灌溉措施。在不同水文年份,枯水年份的土壤含盐量较大,丰水年份的土壤含盐量较小,并且枯水年份在春灌之前的表层土壤含盐量在这 10 年内达到最大值,最大值为 10.5 mg/cm³。综上所述,长时期采用 w2s2 处理的咸水非充分灌溉方式,在配合每年春灌的条件下,土壤含水率和土壤含盐量能够保持平稳。

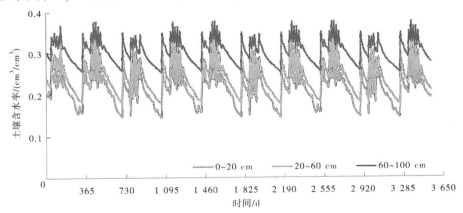

图 6-13　模拟 10 年时间不同土层土壤水分分布(w2s2 处理)

图 6-15 为模拟 w1s1 处理、w2s2 处理和 w3s3 处理 0~100 cm 土层 10 年时间的土壤全盐量。由图 6-15 可以看出,随着灌溉水矿化度的增加和灌溉水量的减少,土壤含盐量逐渐增加,w3s3 处理土壤含盐量最大,且变化明显,土壤含盐量在 3.6~10.9 mg/cm³,w1s1 处理土壤含盐量最小,且变化较小,维持在 0.7~2.0 mg/cm³,w2s2 处理土壤含盐量在 2.2~6.6 mg/cm³,且各处理每年土壤含盐量均在春灌之前达到最大值,在春灌的作用下,10 年内土壤含盐量保持平稳。10 年后土壤含盐量与模拟初始含盐量相比,w1s1 处理土

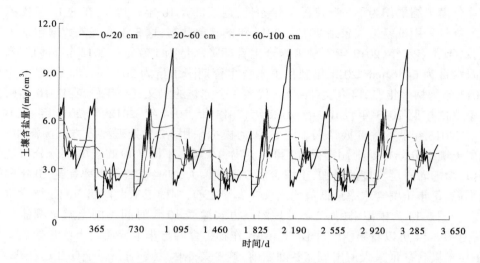

图 6-14   模拟 10 年时间不同土层土壤盐分分布(w2s2 处理)

壤盐分累积量为 -3. 201 mg/cm³,w2s2 处理土壤盐分累积量为 -1. 612 mg/cm³,w3s3 处理土壤盐分累积量为 0. 528 mg/cm³。因此,长时期采用 w2s2 处理的咸水非充分灌溉方式进行农田灌溉,在配合每年春灌条件下,土壤盐分不会在 0~100 cm 土层大量累积,不会引起土壤次生盐渍化。

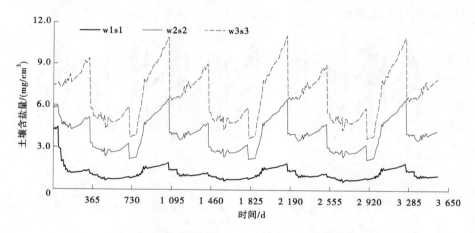

图 6-15   模拟 10 年 0~100 cm 土层土壤含盐量

6.4.2   模拟较长时期咸水非充分灌溉下制种玉米产量

SWAP 模型模拟的产量结果为相对产量,假设 2012 年第 1 年试验淡水充分灌溉 w1s1 处理为该研究区制种玉米可获得的最大产量,最大产量为 6 767. 8 kg/hm²,相对产量为 1. 0,通过换算得到模拟不同年份制种玉米的实际产量。图 6-16 为模拟 w1s1 处理、w2s2 处理和 w3s3 处理 10 年时间制种玉米产量。由图 6-16 可以看出,随着灌溉水矿化度的增加和灌溉水量的减少,制种玉米产量逐渐减小,w1s1 处理制种玉米产量最大,产量在

6 361～6 565 kg/hm²，w3s3 处理制种玉米产量最小，产量在 4 805～5 821 kg/hm²，w2s2 处理产量在 5 752～6 295 kg/hm²。同一处理，不同水文年份，制种玉米产量略有差别，丰水年份产量最大，枯水年份产量最小。10 年后制种玉米产量与模拟初始产量相比，w1s1 处理产量保持不变，w2s2 处理产量增加了 135.36 kg/hm²，w3s3 处理产量增加了 67.68 kg/hm²；10 年后 w2s2 处理产量比 w1s1 处理减少了 473.75 kg/hm²，减产率为 7.45%，w3s3 处理产量比 w1s1 处理减少了 1 353.56 kg/hm²，减产率为 21.28%。因此，长时期采用 w2s2 处理的咸水非充分灌溉方式进行农田灌溉，在配合每年春灌条件下，对制种玉米产量影响较小。

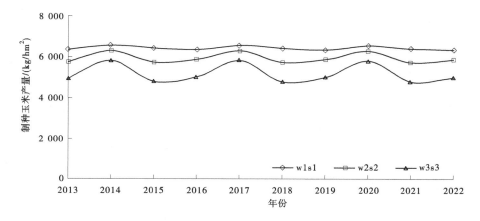

图 6-16　模拟 10 年制种玉米产量

6.5　本章小结

在制种玉米咸水非充分灌溉试验资料的基础上，利用土壤含水率、土壤含盐量以及作物产量的实测数据分别对 SWAP 模型进行了率定和验证。在此基础上，对咸水非充分灌溉条件下土壤含水率、土壤含盐量、土壤水分通量以及土壤盐分通量的模拟结果进行了分析，模拟了较长时期咸水非充分灌溉下土壤水盐分布及制种玉米产量。得到的主要结论如下：

（1）土壤水分率定和验证过程中，SWAP 模型模拟值较好地反映了实测值的变化趋势，各土壤剖面的标准误差 RMSE 均值小于 0.03 cm³/cm³，MRE 均值低于 12%；在土壤盐分率定和验证过程中模拟值也较好地反映了实测值的变化趋势，不同日期的标准误差 RMSE 均值低于 2.0 mg/cm³，相对误差 MRE 均值低于 25%；在制种玉米产量率定和验证过程中，模拟产量与实测产量基本一致，模型率定和验证时的相对误差 MRE 低于 16%，在允许的误差范围 25% 内。因此，经过率定和验证后的 SWAP 模型能够模拟咸水非充分灌溉条件下土壤水盐动态变化规律和制种玉米的产量情况。

（2）相同灌溉水矿化度条件下，随着灌水量的增加，土壤含水率增大；3 g/L 灌溉水矿化度条件下，重度缺水灌溉处理的盐分胁迫严重；相同灌溉水量条件下，咸水灌溉含水率高于淡水灌溉。相同灌溉水矿化度条件下，各土层含盐量随着作物的生长呈现出不同的变化规律,60~80 cm 土层中从作物中期阶段开始,w2s3 处理的含盐量高于 w2s2 处理,80~100 cm 土层中从作物后期阶段,w2s3 处理的含盐量高于 w2s2 处理;相同灌溉水量下,非充分灌溉处理土壤中的盐分在 80 cm 以上的土层变化剧烈,充分灌溉处理土壤中的盐分可以被淋洗到 100 cm 土层中。

（3）土壤水分通量模拟结果表明:在制种玉米苗期阶段,40 cm 以上土壤剖面的水分通量主要以向上为主;在灌水和降雨阶段,各土壤剖面的水分通量向下。土壤剖面 60 cm 处水分通量模拟结果显示,试验条件下,即使是采用 1/2ETc 的非充分灌溉方式,也会产生一定的土壤水分深层渗漏。

（4）土壤盐分通量模拟结果表明:土壤剖面盐分运动表现出与水分运动特性相似的规律性。在制种玉米苗期阶段,40 cm 以上土壤剖面的盐分通量主要受到土壤蒸发的影响,盐分通量以向上为主;在灌水和降雨阶段,各土壤剖面处的盐分通量主要向下。土壤剖面 60 cm 处盐分通量的模拟结果显示,由咸水灌溉带入土壤的盐分将随着灌溉和降雨淋溶作用,运移至深层土壤,不会在表层土壤产生大量累积。

（5）模拟较长时期土壤水盐分布及制种玉米产量表明:在研究区长时期采用灌溉水量为 2/3ETc 左右的非充分灌溉和灌溉水矿化度采用不高于 3 g/L 的咸水灌溉方式,并配合每年春灌的作用,土壤含水率和土壤含盐量能够保持平稳,0~100 cm 土层土壤含盐量不会大量累积,不会引起土壤次生盐渍化,对制种玉米产量影响较小,能够达到合理利用地下咸水资源和节水灌溉的目的,可用于研究区农业生产实践。

第 7 章　结　论

　　本书在西北旱区的石羊河流域开展制种玉米咸水灌溉、咸水非充分灌溉试验,通过测定土壤含水率、土壤含盐量、制种玉米株高及叶面积指数和产量等数据,研究咸水灌溉、咸水非充分灌溉条件下农田土壤水盐动态规律和对制种玉米生长的影响,在田间试验的基础上,对 SWAP 模型进行率定和验证,并应用率定后的 SWAP 模型模拟研究区咸水灌溉、咸水非充分灌溉条件下土壤水盐动态及水盐平衡规律和作物生长状况,模拟和优化制种玉米咸水灌溉利用模式和咸水非充分灌溉制度。得到的主要结论如下:

　　(1)咸水灌溉后土壤盐分会在土壤中产生累积,且随着灌溉水矿化度的增大和咸水使用时间增长,土壤盐分累积量会逐渐增大,3 年咸水灌溉试验后与试验前相比,S0 处理、S3 处理、S6 处理和 S9 处理 0 ~ 100 cm 土壤盐分累积量分别为 0.189 mg/cm³、0.654 mg/cm³、0.717 mg/cm³ 和 1.135 mg/cm³;随着灌溉水矿化度的增大和灌水次数的增加,土壤容重逐渐增大,而土壤孔隙度和饱和导水率则越来越小,土壤容重、孔隙度和饱和导水率具有密切的相关关系,饱和导水率会随着土壤容重的不断增加而减小,随着土壤孔隙度的不断增加而增加;随着灌溉水矿化度的增大,制种玉米的株高、叶面积指数和产量逐渐降低,3 年咸水灌溉试验 6 g/L 和 9 g/L 的咸水对制种玉米产量减产幅度均在 25% 以上,且水分利用效率逐年降低,而 3 g/L 的微咸水对制种玉米减产幅度在 20% 以下,且对水分利用效率的影响较小。因此,在研究区不宜长时期采用 6 g/L 和 9 g/L 的咸水进行灌溉,短时期采用 3 g/L 的微咸水进行灌溉,配合每年作物播种前进行春灌洗盐,可以用于生产实践。

　　(2)咸水非充分灌溉后土壤水盐分布主要受到灌溉水量、作物根系吸水和土壤质地等因素的共同影响。灌溉水量不同时,非充分灌溉处理含水率较充分灌溉处理明显偏低,随着咸水灌溉长时期使用,土壤理化性质会发生改变,各处理表现出表层土壤和根系层土壤含水率较低、深层土壤含水率较高的现象;土壤中盐分呈现出自上而下累积的趋势,深层土壤盐分含量较高。水盐联合胁迫会使制种玉米生长受阻,产量降低,并且随着水盐胁迫程度的加剧,对制种玉米生长及产量的影响越严重。非充分灌溉有利于提高制种玉米的水分利用效率,但过度的缺水灌溉会使水分利用效率表现出下降的趋势;制种玉米的水分利用效率随着灌溉水矿化度的增加而降低。利用咸水非充分灌溉试验数据推求作物水盐生产函数的参数,并对作物水盐生产函数的参数进行率定与验证,得到了水盐胁迫条件下制种玉米水盐生产函数。通过计算相对根长密度和潜在蒸腾速率,推算得到最优灌水条件下的最大根系吸水速率;通过计算蒸腾强度与土壤渗透势,推算得到咸水充分灌溉条件下的盐分胁迫修正因子,并对盐分胁迫修正因子的参数进行了验证,建立了盐分胁迫条件下制种玉米根系吸水模型。

　　(3)咸水灌溉条件下土壤水盐运动 SWAP 模拟结果表明:制种玉米根系层底部土壤水盐通量主要向下渗漏,土壤水盐通量受灌溉和降雨的影响明显,并且随着灌溉水矿化度的增加,土壤水分通量、盐分通量、水分通量累计量和盐分通量累计量逐渐增大;在制种玉米现状灌溉和降雨条件下,3.0 g/L 和 6.0 g/L 的咸水灌溉制种玉米根系层土壤盐分能够淋洗至深层土壤,不会造成土壤盐分大量累积。研究区若直接采用咸水方式对制种玉米进行灌溉,0.71~2.0 g/L 的微咸水可用于灌溉;6.0 g/L 以上的咸水不适宜灌溉;3.0~5.0 g/L 的咸水短时期可用于灌溉,但不适宜较长时期利用。研究区若采用咸淡水轮灌方式对制种玉米进行灌溉,3.0 g/L 微咸水灌溉条件下,采用淡-淡-咸和淡-咸-咸的轮灌模式;6.0 g/L 咸水灌溉条件下,采用淡-淡-咸的轮灌模式,这 3 种咸淡水轮灌方式为研究区制种玉米较优的咸淡水轮灌模式。研究区在利用 3.0 g/L 微咸水灌溉条件下,制种玉米最优灌溉定额为 360 mm,生育期内灌溉 4 次,较长时期采用较优的咸水非充分灌溉方式持续进行灌溉,在配合春灌灌水量 150 mm 措施下,土壤盐分不会产生大量累积,为制种玉米较优的咸水非充分灌溉方案。

(4)咸水非充分灌溉条件下土壤水盐运动 SWAP 模拟结果表明:在制种玉米苗期阶段,40 cm 以上土壤剖面的水分通量主要以向上为主;在灌水和降雨阶段,各土壤剖面的水分通量向下。土壤剖面 60 cm 处水分通量模拟结果显示,试验条件下,即使是采用 1/2ET$_。$的非充分灌溉方式,也会产生一定的土壤水分深层渗漏。土壤剖面盐分运动表现出与水分运动特性相似的规律性。在制种玉米苗期阶段,40 cm 以上土壤剖面的盐分通量主要受到土壤蒸发的影响,盐分通量以向上为主;在灌水和降雨阶段,各土壤剖面处的盐分通量主要向下。土壤剖面 60 cm 处盐分通量的模拟结果显示,由咸水灌溉带入土壤的盐分将随着灌溉和降雨淋溶作用,运移至深层土壤,不会在表层土壤产生大量累积。在研究区长时期采用灌溉水量为 2/3ET$_。$左右的非充分灌溉和灌溉水矿化度采用不高于 3 g/L 的咸水灌溉方式,并配合每年春灌的作用,土壤含水率和土壤含盐量能够保持平稳,0~100 cm 土层土壤含盐量不会大量累积,不会引起土壤次生盐渍化,对制种玉米产量影响较小,能够达到合理利用地下咸水资源和节水灌溉的目的,可用于研究区农业生产实践。

参考文献

［1］陈敏,黄政,陈卫杰. 我国西北地区水资源利用及保护问题研究［J］. 中国工程科学,2011,13(1)：98-101.

［2］孙琦伟,吴普特,王玉宝,等. 西北干旱地区农业健康用水量计算模型研究［J］. 中国生态农业学报,2012,20(2)：181-188.

［3］康绍忠,粟晓玲,杨秀英,等. 石羊河流域水资源合理配置及节水生态农业理论与技术集成研究的总体框架［J］. 水资源与水工程学报,2005,16(1)：1-9.

［4］Kang S Z, Su X L, Tong L, et al. The impacts of human activities on the water-land environment of the Shiyang River basin, an arid region in Northwest China［J］. Hydrological Sciences Journal, 2004, 49(3)：413-427.

［5］黄翠华,薛娴,彭飞,等. 不同矿化度地下水灌溉对民勤土壤环境的影响［J］. 中国沙漠,2013,33(2)：590-595.

［6］李魁宏. 武威市玉米制种产业化优势及发展对策［J］. 中国种业,2008(6)：18-19.

［7］吴玲玲,李玉忠. 河西走廊玉米制种产业可持续发展探析［J］. 辽宁农业职业技术学院学报,2011,13(3)：10-12.

［8］Narasimhan T N. Hydraulic characterization of aquifers, reservoir rocks and soils：A history of ideas［J］. Water Resources Research, 1998, 34(1)：33-46.

［9］Buckingham E. Studies on the movement of soil moisture［M］. Berkeley：Bull Nia Press, 1907.

［10］Richards L A. Capillary conduction of liquids through porous mediums［J］. Physics, 1931(1)：318-333.

［11］Chen C, Thomas D M, Green R E. Two-domain estimation of hydraulic properties in macropore soils［J］. Soil Science Society of America Journal, 1993, 57：680-686.

［12］Lapidus, Amundson N R. The Mathematics of Adsorption in Beds［J］. Journal of Physical and Colloid Chemistry, 1952, 56：984-988.

［13］Nielsen D R, Biggar J W. Miscible displacement in soils：Ⅰ. Experimental information［J］. Soil Science Society of America Journal, 1961, 25：1-5.

［14］Olsen S R, Kemper W D, van Schail G C. Self-diffusion coefficients of phosphorus in soil measured by transient and steady state methods［J］. Soil Science Society of America Journal, 1965, 29：154-158.

［15］van Genuchten M. Numerical Solutions of the one dimensional saturated unsaturated flow equations［R］. Research Report No. 78-WR-09 Princeton University, 1978.

［16］Ayars J E, Mcwhorter D B, Skogerboe G V. Modeling salt transport in irrigated soils［J］. Ecological Modeling, 1981, 11(4)：265-290.

［17］Bresler E, Mcneal B L, Carter D L. Saline and sodic soils：Principles-dynamics-modeling［J］. Advanced Series in Agricultural Sciences, 1982(10)：1-8.

［18］Jury W A, Biggar J W. Field scale water and solute transport through unsaturated soils［M］. Berlin：Soil salinity under irrigation：processes and management, 1984.

［19］White R E. A transfer Function Model for the prediction of nitrate leaching under field condition［J］. Journal of Hydrology, 1987, 92：207-222.

[20] Nielsen D R. Water flow and solute transport processes in the unsaturated zone[J]. Water Resources Research,1986,22(9):215-221.

[21] van Genuchten M T, Wagenet R J. Two-site/two-region models for pesticide transport and degradation: theoretical development and analytical solutions[J]. Soil Science Society of America Journal,1989,53: 1303-1310.

[22] Gerke H H, van Genuchten M T. A dual-porosity model for simulating the preferential movement of water and solutes in structured porous media[J]. Water Resources Research,1993,29(2):305-319.

[23] Ksaizynski K W. The piston model of transient infiltration in unsaturated soil[J]. Groundwater Quality Management,1994,220:141-148.

[24] Jury W A, Scotter D R. A unified approach to stochastic-convective transport problems[J]. Soil Science Society of America Journal,1994,58:1327-1336.

[25] Vanderborght J, Kasteel R, Vereecken H. Stochastic continuum transport equations for field-scale solute transport:overview of theoretical and experimental results[J]. Vadose Zone Journal,2006,5:184-203.

[26] Zou P, Yang J S, Fu J R, et al. Artificial neural network and time series models for predicting soil salt and water content[J]. Agricultural Water Management,2010,97:2009-2019.

[27] 张蔚榛. 地下水非稳定流计算和地下水资源评价[M]. 北京:科学出版社,1982.

[28] 雷志栋,杨诗秀,谢传森. 土壤水动力学[M]. 北京:清华大学出版社,1988.

[29] 石元春,辛德惠. 黄淮海平原的水盐运动和旱涝盐碱的综合治理[M]. 石家庄:河北人民出版社, 1983.

[30] 李韵珠. 土壤溶质运移[M]. 北京:科学出版社,1998.

[31] 杨金忠. 一维饱和与非饱和水动力弥散的实验研究[J]. 水利学报,1986,3:10-21.

[32] 张展羽,郭相平. 作物水盐动态响应模型[J]. 水利学报,1998,12:66-70.

[33] 邵明安,王全九. 推求土壤水分运动参数的简单入渗法[J]. 土壤学报,2000,37(1):1-7.

[34] 胡安焱,高瑾,贺屹于,等. 干旱内陆灌区土壤水盐模型[J]. 水科学进展,2002,13(6):726-729.

[35] 徐力刚. 作物种植条件下的土壤水盐动态变化研究[J]. 土壤通报,2003,34(3):170-174.

[36] 杨玉建,杨劲松. 土壤水盐运动的时空模式化研究[J]. 土壤,2004,36(3):283-288.

[37] 李瑞平,史海滨,赤江刚夫,等. 冻融期气温与土壤水盐运移特征研究[J]. 农业工程学报,2007,23 (4):70-74.

[38] 岳卫峰,杨金忠,童菊秀,等. 干旱地区灌区水盐运移及平衡分析[J]. 水利学报,2008,39(5):623-626.

[39] 姚荣江,杨劲松,邹平,等. 区域土壤水盐空间分布信息的 BP 神经网络模型研究[J]. 土壤学报, 2009,46(5):788-794.

[40] 余根坚,黄介生,高占义. 基于 HYDRUS 模型不同灌水模式下土壤水盐运移模拟[J]. 水利学报, 2013,44(7):826-834.

[41] 周和平,王少丽,吴旭春. 膜下滴灌微区环境对土壤水盐运移的影响[J]. 水科学进展,2014,25 (6):816-824.

[42] 王全九,许紫月,单鱼洋,等. 磁化微咸水矿化度对土壤水盐运移的影响[J]. 农业机械学报,2017, 48(7):198-206.

[43] 郭勇,尹鑫卫,李彦,等. 农田-防护林-荒漠复合系统土壤水盐运移规律及耦合模型建立[J]. 农业 工程学报,2019,35(17):87-101.

[44] Rhoades J D, Kandiah A, Mashali A M. The use of saline waters for crop production[M]. Rome:Food

and Agriculture Organization of the United Nations,1992.

[45] Dutt G R,Pennington D A,Turner F. Irrigation as a solution to salinity problems of river basins[A]. In: Salinity in Watercourses and Reservoirs[C]. French:Ann Arbor Science Michigan,1984,465-472.

[46] Sampson K. Irrigation with saline water in the Sheraton irrigation region[J]. Journal of Soil and Water Conservation,1996,9(3):9-33.

[47] Pasternak D,Malach Y D. Irrigation with brackish water under desert conditions X. Irrigation management of tomatoes（Lycopersicon esculentum Mills）on desert sand dunes[J]. Agricultural Water Management,1995,28（2）,121-132.

[48] 王全九,徐益敏,王金栋,等. 咸水与微咸水在农业灌溉中的应用[J]. 灌溉排水,2002(4):73-77.

[49] Singh R. Simulations on direct and cyclic use of saline waters for sustaining cotton-wheat in a semi-arid area of north-west India[J]. Agricultural Water Management,2004,66(2):153-162.

[50] Malash N,Flowers T J,Ragab R. Effect of irrigation systems and water management practices using saline and non-saline water on tomato production[J]. Agricultural Water Management,2005,78:25-38.

[51] Ghane E,Feizi M,Mostafazadeh-Fard B,et al. Water productivity of winter wheat in different irrigation/planting methods with the use of saline irrigation water[J]. International Journal of Agriculture and Biology,2009,11:131-137.

[52] Verma A K,Gupta S K,Isaac R K. Use of saline water for irrigation in monsoon climate and deep water table regions:Simulation modeling with SWAP[J]. Agricultural Water Management,2012,115:186-193.

[53] Talebnejad R,Sepaskhah A R. Effect of deficit irrigation and different saline groundwater depths on yield and water productivity of quinoa[J]. Agricultural Water Management,2015,159:225-238.

[54] 王卫光,王修贵,沈荣开,等. 河套灌区咸水灌溉试验研究[J]. 农业工程学报,2004,20(5):92-96.

[55] 吴忠东,王全九. 不同微咸水组合灌溉对土壤水盐分布和冬小麦产量影响的田间试验研究[J]. 农业工程学报,2007,23(11):71-76.

[56] Jiang J,Huo Z L,Feng S Y,et al. Effect of irrigation amount and water salinity on water consumption and water productivity of spring wheat in Northwest China[J]. Field Crop Research,2013,137:78-88.

[57] Liu X W,Til F,Chen S Y,et al. Effects of saline irrigation on soil salt accumulation and grain yield in the winter wheat-summer maize double cropping system in the low plain of North China[J]. Journal of Integrative Agriculture,2016,15(12):2886-2898.

[58] Feng G X,Zhang Z Y,Wan C Y,et al. Effects of saline water irrigation on soil salinity and yield of summer maize（Zea mays L.）in subsurface drainage system[J]. Agricultural Water Management,2017, 193:205-213.

[59] Kaya I,Tigdem A,Yazar A. Saltmed Model performance for quinoa irrigated with fresh and saline water in a Mediterranean environment[J]. Irrigation and Drainage,2016,65(1):29-37.

[60] Wang X P,Liu G M,Yang J S,et al. Evaluating the effects of irrigation water salinity on water movement, crop yield and water use efficiency by means of a coupled hydrologic/crop growth model[J]. Agricultural Water Management,2017,185:13-26.

[61] Phogat V,Cox J W,Simunek J,et al. Modeling water and salinity risks to viticulture under prolonged sustained deficit and saline water irrigation[J]. Journal of Water and Climate Change,2020,11(3):901-915.

[62] Masoud N,Saghar N S,Ali N. Application of SALTMED and HYDRUS-1D models for simulations of soil water content and soil salinity in controlled groundwater depth[J]. Journal of Arid Land,2020(3):447-

461.

［63］陈亚新,康绍忠. 非充分灌溉原理［M］. 北京:水利电力出版社,1995.

［64］张振华,蔡焕杰. 水分亏缺对覆膜玉米生长发育及产量的影响［J］. 灌溉排水,2001,20(2):13-16.

［65］胡梦芸,张正斌,徐萍. 亏缺灌溉下小麦水分利用效率与光合产物积累运转的相关研究［J］. 作物学报,2007,33(11):1884-1891.

［66］Dhillon B S,Thind H S,Saxena V K,et al. Tolerance to excess water stress and its association with other traits in maize ［J］. Crop Improvement,1995,22:24-28.

［67］俞建河,丁必然,徐德驰,等. 水稻非充分灌溉对水稻生长发育及产量构成的影响［J］. 安徽农业科学,2010,38(12):6359-6361.

［68］Ali M H,Hoque M R,Hassan A A,et al. Effects of deficit irrigation on yield,water productivity,and economic returns of wheat［J］. Agriculture Water Management,2007(92):151-161.

［69］Pandey R K,Maranville J W,Admou A. Deficit irrigation and nitrogen effects on maize in a Sahelian environment［J］. Agricultural Water Management,2000,46:1-13

［70］Kang S Z,Shi W J,Zhang J H. An improved water-use efficiency for maize grown under regulated deficit irrigation［J］. Field Crops Research,2000,67:207-214.

［71］张展羽,赖明华,朱成立. 非充分灌溉农田土壤水分动态模拟模型［J］. 灌溉排水学报,2003,22(1):22-25.

［72］冯绍元,马英,霍再林,等. 非充分灌溉条件下农田水分转化 SWAP 模型模拟［J］. 农业工程学报,2012,28(4):60-68.

［73］王仰仁,孙书洪,叶澜涛,等. 农田土壤水分二区模型的研究［J］. 水利学报,2009,40(8):904-909.

［74］吕桂军,康绍忠,张富仓,等. 盐渍化土壤不同入渗条件下水盐运动规律研究［J］. 人民黄河,2006,28(4):52-54.

［75］蒋静,冯绍元,孙振华,等. 咸水非充分灌溉对土壤水盐分布及玉米产量的影响［J］. 应用生态学报,2008,19(12):2637-2642.

［76］赵志才,冯绍元,霍再林,等. 咸水灌溉条件下土壤水盐分布特征［J］. 应用生态学报,2010,21(4):945-951.

［77］吴忠东,王全九. 微咸水非充分灌溉对土壤水盐分布与冬小麦产量的影响［J］. 农业工程学报,2009,25(9):36-42.

［78］van Dam J C,Huygen J,Wesseling J G,et al. Theory of SWAP Version 2. 0. Simulation of Water Flow, Solute Transport and Plant Growth in the Soil-Water-Atmosphere-Plant Environment［R］. Wageningen: Wageningen Agricultural University and DLO Winand Staring Centre,1997:19-114.

［79］van Dam J C,Groenendoijk P,Hendriks R F A,et al. Advances of modeling water flow in variably saturated soils with SWAP［J］. Vadose Zone Journal,2008,7(2):640-653.

［80］Crescimanno G,Grovel P. Application and evaluation of the SWAP model for simulating water and solute transport in a cracking clay soil［J］. Soil Science Society of America Journal,2005,69:1943-1954.

［81］Singh R,van Dam J C,Feddes R A. Water productivity analysis of irrigated cropsin Sirsa district India ［J］. Agricultural Water Management,2006,82:253-278

［82］Mandare A B,Ambast A K,Tyagi N K. On-farm water management in saline groundwater area under scarce canal water supply condition in the Northwest India［J］. Agricultural Water Management,2008, 95:516-526.

［83］Samipour F,Rabie M,Mohammadi K,et al. Evaluation of two drainage models in South-West Iran ［A］.

International Drainage Symposium Held Jointly with CSBE[C]. Québec:ASABE,2010,1-11.

[84] Qureshi A S,Eshmuratov D,Bezborodov G. Determining optimal groundwater table depth for maximizing cotton production in the Sardarya province of Uzbekistan[J]. Irrigation and Drainage,2011,60(2):241-252.

[85] Qureshi A S,Ahmad W,Ahmad AF A. Optimum groundwater table depth and irrigation schedules for controlling soil salinity in central Iraq[J]. Irrigation and Drainage,2013,62(4):414-424.

[86] Shafiei M,Ghahraman B,Saghafian B,et al. Uncertainty assessment of the agro-hydrological SWAP model application at field scale:A case study in a dry region[J]. Agricultural Water Management,2014,146:324-334.

[87] 江燕,王修贵,刘昌明,等. 河套灌区排水工程管理的数值模拟研究[J]. 灌溉排水学报,2009,28(1):28-31.

[88] Jiang J,Feng S Y,Huo Z L, et al. Application of the SWAP model to simulate water-salt transport under deficit irrigation with saline water[J]. Mathematical and Computer Modelling,2011,54:902-911.

[89] Huo Z L,Feng S Y,Dai X Q,et al. Simulation of hydrology following various volumes of irrigation to soil with different depths to the water table[J]. Soil Use and Management,2012,28(2):229-239.

[90] Xu X,Huang G H,Chen S,et al. Assessing the effects of water table depth on water use,soil salinity and wheat yield:Searching for a target depth for irrigated areas in the upper Yellow River basin[J]. Agricultural Water Management,2013,125:46-60.

[91] Ma Y,Feng S Y,Song X F. Evaluation of optimal irrigation scheduling and groundwater recharge at representative sites in the North China Plain with SWAP model and field experiments[J]. Computers and Electronic in Agriculture,2015,116:125-136.

[92] Xu X,Chen S,Qu Z Y,et al. Groundwater Recharge and Capillary Rise in Irrigated Areas of the Upper Yellow River Basin Assessed by an Agro-Hydrological Model[J]. Irrigation and Drainage,2015,64(5):587-599.

[93] 陈凯文,俞双恩,李倩倩,等. 不同水文年型下水稻节水灌溉技术方案模拟与评价[J]. 农业机械学报,2019,50(12):268-277.

[94] Hupet F,van Dam J C,Vanclooster M. Impact of within-field variability of soil hydraulic functions on transpiration and crop yields:A numerical study [J]. Vadose Zone Journal,2004,3:1367-1379.

[95] Ben-Asher J,van Dam J C. Irrigation of grapevines with saline water II. Mathematical simulation of vine growth and yield[J]. Agricultural Water Management,2006,83:22-29.

[96] Kahlown M A,Raoof A,Zubair M,et al. Water use efficiency and economic feasibility of growing rice and wheat with sprinkler irrigation in the Indus Basin of Pakistan[J]. Agricultural Water Management,2007,87:292-298.

[97] Vazifedoust M,van Dam J,Feddes R A,et al. Increasing water productivity of irrigated crops under limited water supply at field scale[J]. Agricultural Water Management,2008,95:89-102.

[98] Rodrigues L N,van Vliet W A M. Irrigation Water Strategies for the Buriti Vermelho Watershed[A]. Towards a Higher Water Productivity[C]. II INOVAGRI International Meeting,2014:299-308.

[99] Ma Y,Feng S Y,Huo Z L,et al. Application of the SWAP model to simulate the field water cycle under deficit irrigation in Beijing,China[J]. Mathematical and Computer Modelling,2011,54:1044-1052.

[100] Jiang J,Feng S Y,Ma J J,et al. Irrigation management for spring maize grown on saline soil based on SWAP model[J]. Field Crop Research,2016,196:85-97.

[101] 杨树青. 基于 Visual-MODFLOW 和 SWAP 耦合模型干旱区微咸水灌溉的水–土环境效应预测研究[D]. 呼和浩特:内蒙古农业大学,2005.

[102] 王少丽,许迪,Prasher S O,等. 施用有机氮肥条件下地下排水中硝态氮流失的模拟研究[J]. 水利学报,2006,37(1):89-96.

[103] 李彦. 节水灌溉条件下河套灌区土壤水盐动态的 SWAP 模型分布式模拟预测[D]. 呼和浩特:内蒙古农业大学,2012.

[104] 徐旭,黄冠华,黄权中. 农田水盐运移与作物生长模型耦合及验证[J]. 农业工程学报,2013,29(4):110-117.

[105] Jiang Y,Xu X,Huang Q Z,et al. Assessment of irrigation performance and water productivity in irrigated areas of the middle Heihe River basin using a distributed agro-hydrological model[J]. Agricultural Water Management,2015,147:67-81.

[106] 王利民,姚保民,刘佳,等. 基于 SWAP 模型同化遥感数据的黑龙江南部春玉米产量监测[J]. 农业工程学报,2019,35(22):285-295.

[107] 姜雪连. 西北旱区制种玉米父本母本耗水特性及蒸发蒸腾量估算方法研究[D]. 北京:中国农业大学,2016.

[108] 蒋静. 石羊河流域咸水非充分灌溉农田土壤水盐运移试验与模拟研究[D]. 北京:中国农业大学,2011.

[109] Li S E,Kang S Z,Li F S,et al. Evapotranspiration and crop coefficient of spring maize with plastic mulch using eddy covariance in Northwest China[J]. Agricultural Water Management,2008,97:1214-1222.

[110] 王伦平,陈亚新,曾国芳. 内蒙古河套灌区灌溉排水与盐碱化防治[M]. 北京:水利电力出版社,1993.

[111] 徐英,葛洲,王娟,等. 基于指示 Kriging 法的土壤盐渍化与地下水埋深关系研究[J]. 农业工程学报,2019,35(1):123-130.

[112] Ren D Y,Xu X,Hao Y Y,et al. Modeling and assessing field irrigation water use in a canal system of Hetao,upper Yellow River basin:Application to maize,sunflower and watermelon[J]. Journal of Hydrology,2016,532:122-139.

[113] Huang C H,Xue X,Wang T,et al. Effects of saline water irrigation on soil properties in Northwest China[J]. Environmental Earth Sciences,2010,63(4):701-708.

[114] Bhardwaj A K,Mandal U K,Bar-Tal A. Replacing saline-sodic irrigation water with treated wastewater:effects on saturated hydraulic conductivity,slaking,and swelling[J]. Irrigation Science,2008,26:139-146.

[115] Shani U,Dudley L M. Field studies of crop response to water and salt stress[J]. Soil Science Society of America Journal,2001,65:1522-1528.

[116] Ben-Hur M,Li F H,Keren R,et al. Water and salt distribution in a field irrigated with marginal water under high water table conditions[J]. Soil Science Society of America Journal,2001,65:191-198.

[117] 李小刚,曹靖,李凤民. 盐化及钠质化对土壤物理性质的影响[J]. 土壤通报,2004,35(1):64-72.

[118] 王仰仁,康绍忠. 基于作物水盐生产函数的咸水灌溉制度确定方法[J]. 水利学报,2004(6):46-51.

[119] 王军涛,程献国,李强坤. 基于春玉米微咸水灌溉的水盐生产函数研究[J]. 干旱地区农业研究,2012,30(3):78-80.

［120］谭帅. 微咸水膜下滴灌土壤盐调控与棉花生长特征研究［D］. 西安:西安理工大学,2018.

［121］郭向红,毕远杰,孙西欢,等. 西葫芦微咸水膜下滴灌土壤水盐运移对产量影响的预测模型［J］. 农业工程学报,2019,35(8):167-175.

［122］Stewart J,Danielson R,Hanks R J,et al. Optimizing crop production through control of water and salinity levels in the soil［M］. Logan:Utah Water Resource Lab PRWG,1977:191.

［123］Allen R G,Pereira L S,Raes D,et al. Crop evapotranspiration guidelines for computing crop water requirement［M］. Rome:FAO Irrigation and Drainage Food and Agricultural Organization of the United Nations,1998:65-88.

［124］Domínguez A,Martínez R,Tarjuelo J M,et al. Simulation of maize crop behavior under deficit irrigation using MOPECO model in a semi-arid environment［J］. Agricultural Water Management,2012,107:42-53.

［125］刘旭,迟春明. 南疆盐渍土饱和浸提液与土水比1:5浸提液电导率换算关系［J］. 江苏农业科学,2015,43(1):289-291.

［126］刘玉洁,罗毅. FAO-56 土壤水分胁迫指数计算方法试验研究［J］. 资源科学,2010,32(10):1902-1909.

［127］王利春,石建初,左强,等. 盐分胁迫条件下冬小麦根系吸水模型的构建与验证［J］. 农业工程学报,2011,1(27):112-117.

［128］高晓瑜,霍再琳,冯绍元. 水盐胁迫条件下作物根系吸水模型研究进展及展望［J］. 中国农村水利水电,2013(1):45-48.

［129］Katerji N,van Hoorn J W,Hamdy A,et al. Comparison of corn yield response to plant water stress caused by salinity and by drought［J］. Agricultural Water Management,2004(65):95-101.

［130］Feng G L,Meiri A,Letey J. Evaluation of a model for irrigation management under saline condition:Ⅱ. Salt distribution and rooting pattern effects［J］. Soilence Society of America Journal,2003,67(1):77-80.

［131］罗长寿,左强,李保国,等. 盐分胁迫条件下苜蓿根系吸水特性的模拟与分析［J］. 土壤通报,2001(S1):81-84.

［132］Feddes R A,Kowalik P J,Zarandy H. Simulation of field water use and crop yield［M］. Wageningen:Pudoc for centre for agricultural publishing and documentation,1978.

［133］Wu J Q,Zhang R D,Gui S X. Modeling Soil water movement with water uptake by roots［J］. Plant and soil,1999,215(1):7-17.

［134］van Genuchten M T,Hoffman G J. Analysis of crop salt tolerance data［J］. Ecological Studies:Analysis and Synthesus,1984,51:258-271.

［135］Skagges T H,Shouse P J,Poss J A. Irrigation forage crop with saline waters:2. Modeling root uptake and drainage［J］. Vadose Zone Journal,2006,5(3):824-837.

［136］Prasad R. A liner root water uptake model［J］. Journal of Hydrology,1988,99(3/4):297-306.

［137］刘群昌,谢森传. 华北地区夏玉米田间水分转化规律研究［J］. 水利学报,1998(1):62-68.

［138］Wang Q M,Huo Z L,Feng S Y,et al. Comparison of spring maize root water uptake models under water and salinity stress validated with field experiment data［J］. Irrigation and Drainage,2015,5(64):669-682.

［139］Feddes R A,Kowalik P J,Zaradny H. Simulation of water use and crop yield［M］. Wageningen:Centre for Agricultural Publishing and Documentation,1978.

［140］袁成福,冯绍元.盐分胁迫条件下制种玉米根系吸水模型参数的推求［J］.中国农村水利水电,2016(12):12-15.

［141］Jiang X L,Kang S Z,Tong L,et al. Crop coefficient and evapotranspiration of grain maize modified by planting density in an arid region of Northwest China［J］. Agricultural Water Management,2014,142:135-143.

［142］吴忠东,王全九.微咸水连续灌溉对冬小麦产量和土壤理化性质的影响［J］.农业机械学报,2010,41(9):36-43.

［143］Wesseling J G,Elbers J A,Kabat P,et al. SWATRE:instructions for input［M］. Wageningen:Winand Staring Centre,1991.